烤烟育苗大棚及轮作烟田作物栽培实用技术手册

◎任明波 王英俊 邱 军 主编

中国农业科学技术出版社

图书在版编目（CIP）数据

烤烟育苗大棚及轮作烟田作物栽培实用技术手册／任明波，王英俊，邱军主编 . --北京：中国农业科学技术出版社，2021.9

ISBN 978-7-5116-5459-5

Ⅰ.①烤…　Ⅱ.①任…②王…③邱…　Ⅲ.①烟草-育苗-大棚栽培-技术手册②烟草-轮作-技术手册　Ⅳ.①S625.3-62②S344.1-62

中国版本图书馆 CIP 数据核字（2021）第 171812 号

责任编辑	贺可香
责任校对	贾海霞
责任印制	姜义伟　王思文

出 版 者	中国农业科学技术出版社
	北京市中关村南大街 12 号　邮编：100081
电　　话	(010)82106638(编辑室)
	(010)82109702(发行部)
	(010)82109709(读者服务部)
传　　真	(010)82106650
网　　址	http://www.CASTP.cn
经 销 者	各地新华书店
印 刷 者	北京建宏印刷有限公司
开　　本	185 mm×260 mm　1/16
印　　张	12.25
字　　数	250 千字
版　　次	2021 年 9 月第 1 版　2021 年 9 月第 1 次印刷
定　　价	68.00 元

《烤烟育苗大棚及轮作烟田作物栽培实用技术手册》

编委会

主　编：任明波　　王英俊　　邱　军

副主编：戴华伟　　苏兆亮　　李昌浩　　王在军

编　者：马志远　　陈林峰　　宋玉川　　王恩忠　　王瑞闯

　　　　朱友福　　李　虎　　高　峰　　于卫松　　贺　佩

序

　　烟农增收工作是烟草行业的一项重大历史任务，是贯彻落实党中央坚决打赢脱贫攻坚战、全面建成小康社会的部署要求，是服务脱贫攻坚和乡村振兴大局的重要举措。在具体实施过程中，系统推进多元产业发展是行之有效的方式，通过切实增强多元产业软实力和竞争力，能够有力推动烟农增收工作迈向更高水平、实现更高目标。山东淄博烟草有限公司在烟农增收工作中深化思想认识，勇于担当，主动作为，踏实履行社会责任，以广大烟农切身利益为根本，始终坚持促进烟农增收、持续做强做实做优多元产业体系，已取得了一系列可喜进展。

　　近年来，山东淄博烟草有限公司持续探索"烟草+多元产业"协调融合发展的新路径，以立项实施"淄博烟区育苗工场闲置期间经营模式研究""淄博'烟草+'烟农增收模式研究与应用"等项目为工作抓手，扎实推进促进烟农增收工作。在综合分析研判淄博烟区农业产业结构现状及发展趋向的基础上，重点结合产区优势产业化经济作物种植情况，通过统筹谋划、系统推进，因地制宜研究、建立了适合当地实际的烟农增收模式并成功推广应用，在烤烟育苗大棚的综合利用、基本烟田轮作的烟农增收模式建立等方面成效显著，极大提高了土地产出率、劳动生产率和资源利用率，走出了产业融合发展的新路子，为创立新形势下烟农增收的淄博模式奠定了坚实基础。

　　本书围绕烟草多元产业高效生产这一中心，系统总结了淄博烟区特色优质经济作物的生产技术，具有很强的针对性和实用性，主要适用于烟农和烟草生产技术人员学习使用，也可供农业科技人员参考。

　　本书编写过程中，参阅了大量的相关著作文献，特此对原作者表示真诚的谢意。由于作者水平所限，难免会有疏漏，恳请广大读者提出宝贵意见。

2021 年 3 月

前　　言

众所周知,我国是一个农业大国。农业丰则基础强,农民富则国家盛,农村稳则社会安。加强"三农"工作,积极发展现代农业,扎实推进社会主义新农村建设,是全面落实习近平新时代中国特色社会主义思想、构建社会主义和谐社会的必然要求,是加快社会主义现代化建设的重大任务。"三农"问题的核心是农民问题,农民问题的核心是增收问题。2007年以来,烟草行业认真贯彻落实中央决策部署,深入推进现代烟草农业建设,不断加大投入力度,着力强化科技创新应用,有效提升了烟农收入水平。经济新常态下,烟叶产业面临去产能、去库存的压力,烟叶规模不断压缩,生产成本不断增加,价格基本触顶,烟农增收遭遇瓶颈,迫切需要拓宽新渠道、挖掘新潜力、培育新动能。促进烟农增收是贯彻中央深入推进农业供给侧结构性改革,加快培育农业农村发展新动能的必然要求;是烟农改善生产生活条件,持续提升收入水平的迫切愿望;是行业夯实产业基础、彰显社会责任、加快转型发展的现实需要。

自2005年开始,国家烟草专卖局从行业实际出发,在全国烟区开展以烟水配套、烟区道路、烘烤设施、育苗设施和烟用机械为主要内容的烟叶生产基础设施建设工作。2007年,国家烟草专卖局又做出了推动传统烟叶生产向现代烟草农业转变的重大战略部署,提出"一基四化"的发展思路。按照国家烟草专卖局和山东省烟草专卖局(公司)的总体部署,山东淄博烟草有限公司积极响应,认真落实,把现代烟草农业建设作为推动社会主义新农村建设的具体行动,加大基础设施投入力度和建设力度,在全市烟区掀起烟叶基础设施和现代烟草农业建设的高潮。截至2019年,全市累计投入补贴资金8 380.42万元,建设机耕路、水池、管网、密集烤房、育苗大棚等烟田基础设施3 341项,烟区农民生产生活条件明显改善、抵御自然灾害能力明显增强、综合生产能力显著提高。

2013年,山东淄博烟草有限公司出资扶持3个植烟区县的8个烟农专业合作社建设烟草育苗大棚114个,其中沂源74个、淄川30个、博山10个。为解决育苗完成后大棚闲置问题,2014—2015年,公司开展"淄博烟区育苗工场闲置期间经营模式研究"项目研究,并在山东省烟草专卖局(公司)立项。通过项目研究,从3类18种作物品种中筛选出了适合在烟草育苗工场闲置期间栽培的三大类9个品种的农作物，包括西瓜、黄瓜（2种）、空心菜、香菜、生菜、苋菜、小白菜、木耳。同时，通过对接市场、订单销售、与专业公司合作等方式初步实现了产销一条链，有效破解了育苗设施综合利用中存在的资金、技术和市场难题，保障了育苗工场综合利用的农产品产后销售问题，为实现烟农增收提供了技术支撑。2017年开始，山东淄博烟草有限公司认真贯彻落实国家局和省局（公司）决策部署，出台《烟农增收工作方案》，推动形成"主业稳收、辅业增收、扶贫助收"的烟农增收新格局，实现烟农收入持续稳定增长。在多元化增收方面，做到两个百分百，开拓两条路径，即：育苗大棚综合利用率100%，基本烟田综合利用率100%；开拓育苗棚循环生产和烟农多种经营创收。

2018年，为更好地促进烟农增收，探索适宜山区的农业增收途径，山东淄博烟草有限公司在山东省烟草专卖局（公司）立项了"淄博'烟草+'烟农增收模式研究与应用"科技创新项目。项目组在综合分析研判淄博烟区农业产业结构现状及发展趋向的基础上，重点结合产区优势产业经济作物种植情况，因地制宜研究建立适合当地实际的烟农增收模式并加以推广应用，助推烟农整体效益稳定增长。主要在两个方面推进：一是育苗设施综合利用。利用闲置的育苗棚，种植谷子、黑豆等杂粮与有机蔬菜及进行猕猴桃育苗等；在用的育苗棚闲置期间，种植白花生、水果玉米等。二是基本烟田综合利用。综合分析烟区土地资源、气候以及劳动力资源、优势作物等情况，合理规划，采用间作套种甘薯及花生、轮作丹参及桔梗等方式，探索建立适合当地生态和土地等条件的基本烟田综合利用模式。

经过近几年的不断探索和实践，总结了部分利用育苗大棚和轮作烟田种植非烟作物促进烟农增收的技术和措施，并整理成册，希望对产区烟农有所帮助。

编者

2021年3月

目　　录

第一章　绪　论 ·· (1)

　第一节　烟农增收的主要途径 ································ (1)

　第二节　育苗设施综合利用的意义 ························ (4)

　第三节　多元化增收的意义 ································ (5)

第二章　育苗设施综合利用的管理 ···························· (7)

　第一节　育苗的经营管理 ·································· (7)

　第二节　淄博烟区育苗管理模式 ·························· (8)

　第三节　育苗的物资管理 ································· (11)

第三章　烟草集约化育苗技术 ······························· (13)

　第一节　概　述 ··· (13)

　第二节　集约化育苗的意义和要求 ······················· (15)

　第三节　育苗棚的建造 ··································· (20)

　第四节　烟草漂浮育苗技术 ······························ (23)

第四章　黑木耳种植技术 ··································· (34)

　第一节　概　述 ··· (34)

　第二节　大棚栽培技术 ··································· (36)

　第三节　采收与晾晒 ····································· (43)

第五章　羊肚菌种植技术 ··································· (46)

　第一节　概　述 ··· (46)

　第二节　栽培技术 ······································· (46)

　第三节　采收与加工 ····································· (51)

第六章　平菇种植技术 …………………………………………………… (53)

　　第一节　概　述 ………………………………………………………… (53)

　　第二节　栽培技术 …………………………………………………… (53)

　　第三节　采　收 ………………………………………………………… (58)

第七章　白菜种植技术 …………………………………………………… (60)

　　第一节　概　述 ………………………………………………………… (60)

　　第二节　栽培技术 …………………………………………………… (60)

　　第三节　采收与贮藏 …………………………………………………… (64)

第八章　芹菜种植技术 …………………………………………………… (66)

　　第一节　概　述 ………………………………………………………… (66)

　　第二节　栽培技术 …………………………………………………… (67)

　　第三节　采收与贮藏 …………………………………………………… (70)

第九章　佛手瓜种植技术 ………………………………………………… (71)

　　第一节　概　述 ………………………………………………………… (71)

　　第二节　栽培技术 …………………………………………………… (72)

　　第三节　采收与贮藏 …………………………………………………… (78)

第十章　水果玉米种植技术 ……………………………………………… (80)

　　第一节　概　述 ………………………………………………………… (80)

　　第二节　栽培技术 …………………………………………………… (81)

　　第三节　采收与贮藏 …………………………………………………… (87)

第十一章　猕猴桃种植技术 ……………………………………………… (88)

　　第一节　概　述 ………………………………………………………… (88)

　　第二节　栽培技术 …………………………………………………… (89)

　　第三节　采收与贮藏 ………………………………………………… (105)

第十二章　甘薯种植技术 ………………………………………………… (108)

　　第一节　概　述 ………………………………………………………… (108)

第二节　栽培技术 ………………………………………………… （109）

第三节　收获与贮藏 ……………………………………………… （118）

第十三章　黑豆种植技术 …………………………………… （120）

第一节　概　述 …………………………………………………… （120）

第二节　栽培技术 ………………………………………………… （121）

第三节　收获与贮藏 ……………………………………………… （127）

第十四章　花生种植技术 …………………………………… （128）

第一节　概　述 …………………………………………………… （128）

第二节　栽培技术 ………………………………………………… （129）

第三节　收获与贮藏 ……………………………………………… （139）

第十五章　谷子种植技术 …………………………………… （141）

第一节　概　述 …………………………………………………… （141）

第二节　栽培技术 ………………………………………………… （142）

第三节　收获与贮藏 ……………………………………………… （148）

第十六章　桔梗种植技术 …………………………………… （150）

第一节　概　况 …………………………………………………… （150）

第二节　栽培技术 ………………………………………………… （151）

第三节　桔梗加工 ………………………………………………… （158）

第四节　淄博桔梗标准化栽培技术 …………………………… （159）

第五节　桔梗与烤烟间作技术 ………………………………… （163）

第十七章　丹参种植技术 …………………………………… （167）

第一节　概　述 …………………………………………………… （167）

第二节　栽培技术 ………………………………………………… （168）

第三节　收获与初加工 ………………………………………… （172）

参考文献 ……………………………………………………… （174）

第一章 绪 论

"三农"问题的核心是农民问题，农民问题的核心是增收问题。2007年以来，山东淄博烟草有限公司认真贯彻落实国家烟草专卖局、山东省烟草专卖局（公司）决策部署，深入推进现代烟草农业建设，不断加大投入力度，着力强化科技创新应用，有效提升了烟农收入水平。经济新常态下，烟叶产业面临去产能、去库存的压力，烟叶规模不断压缩，生产成本不断增加，价格基本触顶，烟农增收遭遇瓶颈，迫切需要拓宽新渠道、挖掘新潜力、培育新动能。促进烟农增收是贯彻中央深入推进农业供给侧结构性改革、加快培育农业农村发展新动能的必然要求，是烟农改善生产生活条件、持续提升收入水平的迫切愿望，是行业夯实产业基础、彰显社会责任、加快转型发展的现实需要。

第一节 烟农增收的主要途径

当前形势下，烟农增收主要有主业增收和多元化增收两条途径。

一、打造现代烟草农业新优势

在加快构建现代烟草农业设施、经营、服务、流通、信息五大体系的进程中，努力提升烟叶生产户均规模、作业效率、经营收益，筑牢促农增收根本保障。

（一）提升户均种植规模

以推进农村土地所有权、承包权、经营权三权分置为契机，以土地确权登记为前提，依托土地流转中心、村委会和合作社等平台，建立健全烟地长期、统一流转机制，推动土地资源加快向职业烟农集中，提升规模效益。引导烟农以多种方式流转承包土地经营权，着力解决好职业烟农稳定、流转年限稳定、流转价格稳定三个问题，推动烟叶集中适度规模化种植。重点是培育种植规模20~30亩（1亩≈667m²，全书同）的职业烟农和 50 亩左右的家庭农场，烟农户均规模宜达到 30 亩以上。

（二）提高烟叶生产作业效率

坚持整体规划、集中投入、连片推进、规模实施，按照先流转、后整理的要求，加快基本烟田轻度、中度整理，稳步提高基本烟田连片作业规模，改善作业条件。深化产学研合作，重点突破移栽、采收等用工较多环节机械作业水平不高及丘陵山区适用机型不多两个制约瓶颈，加强机手操作技能培训，科学调度作业农机，促进机械化作业提档升级，提高农机作业效率。加强烟农合作社建设，延伸服务环节，大力推广小苗移栽、水肥一体、散叶烘烤、采烤一体等轻简生产技术，积极推行工序化作业，提升服务效率，亩均用工降至 20 个以内。

（三）提高亩均经营收益

以提高烟叶成熟度为核心，聚焦种、采、烤、分 4 个重点环节，切实抓好烟叶生产适用技术集成推广，改善烟叶内在品质和等级结构，减少烟叶烘烤损失，提高亩均产值。实施流通降损计划，通过科学回潮、安全存放、堆捂醇化、专业运输，有效减少烟叶造碎、霉变等损失。实施减灾降损计划，通过加强气象预报与病虫害测报、绿色防控与综合防治、完善灾害救助体系、探索政策性烟叶种植保险等，努力防范和降低自然灾害及病虫害损失，提高烟叶生产亩均纯收益。最终，使种烟亩均收入达到 4 000 元以上。

二、探索培育多元化经营新产业

在做好主业提质增效稳增收的基础上，积极开展多元经营，培育烟农增收新动能。

（一）优选产业化农特产品

选择合适的农特产品品类是开展多元经营、提高设施利用率的重要前提。瞄准中高端，坚持生态、有机、绿色的发展方向，因地制宜合理选择食用菌、蔬菜、杂粮、中药材等农特产品产业化项目，提升基本烟田、育苗工场综合利用率。

（二）建设多元化农特产品示范基地

在做好农特产品选择的基础上，开展示范基地建设。选择基础设施完善、生态优势明显、生产基础较好的区域，建立产业化示范基地。推行"种植在户、经营在社"的生产组织形式，以合作社为组织主体和产销平台，由合作社统一经营信息，统一生产资料，实行市场主导、订单生产、连片开发、规模经营，率先形成规模效益和增收示范。充分依托合作社服务主体职能，在示范基地内，探索由合作社统一承担土地承包与流转、信息收集与发布、技术指导与服务、金融对接与互助、产品加工与运输、灾害核实与救助等方面的专业服务，完善示范基地专业服务体系。率先建立完善示范基地多元经营标准化生产质量体系，严格按标准组织生产，提升农特产品质量水平。

（三）打造多元化农特产品品牌

在规模种植、标准生产的基础上，积极推进农特产品品牌化运作。充分利用当地自然生态资源、特色农产品资源和行业资源优势，加快推动合作社农产品商标注册，统一生产标准，统一质量标准，打造特色品牌。

三、建设合作社促农增收新平台

发挥行业体制优势，在规范运营管理上加强引导，在创新经营机制上持续发力，提升合作社建设水平，为多元发展提供组织保障。

（一）加快整合各项资源

整合资产，帮助合作社完善股权管理机制，按照经营权转移和资产折股入社的方式，将育苗工场、密集烤房和烟用农机等烟草补贴资产按社员当年种烟面积量化到所有社员，积极探索土地经营权量化入股合作社。整合资金，建立合作机制，积极引导烟农入社入股，提升合作社资金实力，由合作社集中管理、统筹使用社员入股资金、农业科技以及经营提取的发展资金等，充分发挥有限资金的作用。整合劳动力资源，在做好专业服务的基础上，吸纳农村劳动力开展多元化经营与劳务输出。

（二）加快提升经营能力

加快从以烤烟为主的经营模式向烤烟+多元经营的运作方式转变。在育苗、机耕、植保、烘烤、分级专业服务上，继续完善种植在户、服务在社、统一经营的运作模式。在多元化经营上，逐步建立经营在社、分户作业、片区管理的运作模式。农特产品种植、畜牧养殖由合作社统一计划安排、统一技术管理、统一产销对接，农户分户种植；有机肥、育苗基质、生物质能源、蚜茧蜂繁放、烟用农资代购等，按照公司制企业的组织运行模式实体经营；烟用机械服务拓展要按照推行"统一经营、分队核算、小组作业"的运作模式，提高组织管理水平。

（三）建立科学的利益联结机制

按照"收益共享、风险共担"的原则，理顺合作社利益分配机制，科学分配盈余，保障发展成果普惠共享。烟叶种植收入归烟农所有，合作社专业化服务所产生的盈余应按交易量为主进行返还。多元经营产生的盈余，应根据资产量化到烟农的股份、烟农土地及资金入股股份进行分配，切实保护烟农应得利益。

第二节　育苗设施综合利用的意义

随着烟叶种植规模化程度提高和现代烟草农业深入推进，烟叶育苗方式逐步从粗放分散型向商品化、集约化转变，育苗设施项目配套程度直接影响烟叶育苗方式转变。

2013年以来，淄博市建设烤烟育苗工场8处，育苗设施主要以钢架大棚建设为主，从使用情况看，育苗工场具有苗棚温度较平稳、便于育苗集中管理、出苗整齐度较高、培育均匀优质烟苗、降低育苗劳动强度等特点，但也存在占用土地面积大、管理不当造成损失大、综合利用率不高、种植规模要求高、建后管护资金较大造成管护困难等问题。

一、集约化育苗的意义

集约化育苗是指利用人工控制手段，采用科学化、标准化的技术措施和机械自动化方式，创造育苗最佳环境条件，实现种苗的快速、优质和批量化生产的一种现代育苗方式。集约化育苗技术源于美国，历经20余年发展，现已趋于成熟完善，并普及推广到世界各地。这种以草炭、蛭石、椰子皮、珍珠岩等轻基质作育苗基质，用穴盘作育苗容器，采用机械化精量播种，一次成苗的现代化育苗体系越来越受到青睐。

与传统育苗相比，集约化育苗主要有以下优点：

（一）节省土地资源

集约化育苗土地利用率高，可有效地做到节能与省地。以烤烟育苗为例，传统的育苗方式每平方米可育50~100株；集约化的育苗每平方米可育400~600株。

（二）节约人工成本

集约化育苗便于按照统一流程进行集中作业，大大减少了用工，节省了人工成本。

同时，集约化育苗由于育苗规模大、育苗棚规格一致，便于推广使用机械化作业，更加提高了劳动效率。

（三）便于技术指导

与传统的分散育苗、小棚育苗相比，集约化育苗地点统一、规模大，便于技术员统一进行技术指导和管理，为提升育苗质量打牢了基础。

二、设施综合利用的意义

淄博市的烟草育苗设施由烟草部门出资建设，建成后产权移交给烟农合作社进行使用和经营。通过烟草部门指导烟农合作社利用育苗大棚进行循环农业开发的方式，主要有4个方面的好处。

一是有效解决了育苗设施闲置而造成资源浪费的问题，能够使烟草部门投资建设的项目在合作社经营过程中常年发挥作用，持续产生效益。

二是在烟草部门的监督指导下，在大棚内种植有机蔬菜、杂粮、菌类、药材等，能够持续疏松土壤，增加土壤肥力，对翌年烟草育苗工作有较大帮助。

三是烟农专业合作社在使用烟草部门扶持建设配套设施的同时，能够通过循环农业的方式增加合作社"非烟"收益，既省去了合作社投资成本，还能获得利润回报，对加强合作社自我"造血"功能和长期发展能力提供了保障。

四是烟农专业合作社通过设施农业取得利益后，有能力、有资金对烟草部门扶持的其他设施项目进行维护，形成"用设施增加效益，以效益管护设施"的良性循环。

第三节　多元化增收的意义

自2004年，中央一号文件连续聚焦"三农"工作，核心和落脚点都在促进农民增收上。促进烟农增收已成为烟草行业继烟叶生产基础设施建设、现代烟草农业建设之后，又一项重要的历史任务，意义重大。自1999年以来，烟叶共提价十几次，提价幅度最高20%以上，烟粮比达10∶1，提价空间已十分有限。烟叶平均亩产达140kg，接近适宜生物学产量150~175kg，单产提升空间不大。但土地成本、劳动力成本逐年上升，进一步挤压利润空间，烟农增收遭遇"价格天花板""成本地板提高""单产结构触顶"等多重约束夹击。因此，因地制宜发展多元化生产，成为促进烟农增收的重要途径，意义重大。

一、有利于调控烟叶计划、推进转型发展

自 2013 年，国家烟草专卖局积极稳妥推进总量调控以来，烟叶收购规模从 5 000 余万担渐进调整至 3 500 万担，烟叶产需基本实现平衡。但由于卷烟产销量下降、单箱消耗量下降、烟叶出口量下降等因素，稳规模、控总量成为烟叶工作的主基调。烟叶产量要减少，烟叶种植面积要调控，与烟农增收的矛盾也凸显出来，靠增加种植规模提升收入的路径越来越难。转变发展方式，促进烟农增收，是烟草行业责任所在，通过发挥烟草专卖的体制优势，认真履行社会责任，在减少烟叶种植计划的同时，转变发展方式，引导烟农发展多元化生产，努力实现烟农增收。积极推进烟叶与多元产业协调发展，既做强烟叶主业，深入优化烟叶结构，提高有效供给水平，缓解烟叶结构性矛盾，又探索把烟农增收产业打造成行业多元化投资的新领域、经济增长的新引擎、烟农增收的新源头、持续发展的新动能，提高"烟叶+多元产业"综合竞争力，为行业高质量发展打下坚实基础。

二、有利于稳定烟农队伍、夯实产业发展基础

烟叶是行业发展的重要基础，烟农队伍稳定是烟叶生产发展的重要基础。防止烟叶生产大起大落，既要控得住，又要稳得住。特别是近几年，烟叶生产计划下调幅度较大，烟农收入如果持续下降，就会影响烟农队伍的稳定，从根本上动摇烟叶生产的稳定和行业发展的基础。因此，不断拓宽烟农的增收渠道，持续提升烟农收入，才能稳定烟农队伍，确保烟叶产业基础稳固。

三、有利于巩固脱贫成果、实现乡村振兴

党中央高度重视"三农"工作，坚持把解决好"三农"问题作为全党工作的重中之重，要求巩固和拓展脱贫攻坚成果，全面推进乡村振兴，加快农业农村现代化。烟叶生产具有鲜明的农业属性，烟叶发展必须遵循农业产业客观规律。充分发挥烟草行业体制优势、产业优势，坚持把发展烟区现代农业、培育烟区产业综合体作为乡村振兴发展的有力抓手，坚持质量兴农、产业强农、品牌富农，提升多元农产品质量和效益，大力发展新主体、新产业、新业态，拓展农业的多种功能，促进烟区一二三产业融合发展，引领农业转型升级。

第二章 育苗设施综合利用的管理

育苗的环节较多，就管理技术而言，主要包含育苗经营管理模式、专用物资管理和大棚管理技术3个方面的内容。科学的经营管理模式是成功持久推广应用集约化育苗的保障，专用物资是保证安全推广集约化育苗技术的物质基础，大棚管理技术是育苗足、齐、匀、壮的技术保障。本章主要介绍集约化育苗的经营管理模式和专用物资管理。

第一节 育苗的经营管理

我国烟区分布广泛，地形、气候复杂，生产水平和经济基础差异大，在经营管理模式上，须立足实际，不宜强求单一形式。在坚持集中统一育苗场地的前提下，大棚与小拱棚、集约化育苗与自育自用等多种形式共存。鼓励各地因地制宜探索简便实用的管理模式，以适应不同生产条件的需求。通过多年的实践，现已形成了适合我国国情的几种经营管理模式。

一、烟草公司统一育苗，商品化供苗形式

以县（市）烟草公司投资建造大棚群，以商品苗形式销售烟苗回收成本，烟苗费按合同提前交付或收购烟叶时由烟站代扣，这种方法一般是建设长久的育苗基地。高度集中育苗便于对烟农进行技术指导，培育的烟苗品质好、成本最低，受到烟农的广泛认可。这种形式适合平原、丘陵地区等生产条件、经济条件较好的烤烟集中产区，具有规模化、集约化、商品化生产烟苗的优势，但必须配套解决好育苗后的大棚综合利用。

二、烟草公司提供硬件设施和技术服务，由专业户育苗，以商品苗形式供苗

以县（市）烟草公司投资，在承租大棚烟农的土地上建育苗设施，大棚全部返回租赁给种烟大户或科技示范户育苗，烟站人员搞好技术服务。专业户按与烟草公司订立的合同出售烟苗。经营农户卖苗后有微利，但可在育苗后无偿使用大棚开展综合利用，专业户优先承包，烟草公司按承包费逐年收回成本。这种形式解决了大棚育苗后的管理问题，有利于促进育苗专业户的诞生，较好地化解了育苗过程中的风险。

三、烟农投资成本，村社统一育苗供苗的管理模式

以村社为单位统一规划育苗地，烟农购买育苗小拱棚和育苗物资后按统一的标准建造育苗棚，并完成灌水、装盘、播种等部分劳动任务，烟农则每棚缴纳一定的管理费，由烟草公司请工统一负责管理直至烟苗育成。各农户取自己育苗小拱棚内的烟苗移栽，自行保管小拱棚和育苗盘到翌年。这种方法统分结合，小拱棚建、拆方便，充分发挥了烟农的劳力优势和烟草部门的技术优势；取长补短，缓解了现金支付对烟草部门和烟农的压力；利于加强双方的责任心，基层干部和烟农也乐于接受。

四、专业户以商品苗出售的供苗模式

由有经济实力且科技意识、商品经济意识较强的烟农自己投资建设育苗大棚，与烟草部门签订合同定向（定品种、定供苗区域）供苗，市场指导，以质论价。这种形式目前数量不多，但这是最终实现真正的集约化、专业化、商品化育苗的一种比较好的形式，应当积极予以引导扶持。

除此以外，在全国范围内还存在其他一些管理模式，各地宜结合实际通过及时总结经验加以推广，这是做好集约化育苗的一项重要基础工作。

第二节　淄博烟区育苗管理模式

目前，淄博烟区普遍采取的是烟草公司出资建设育苗工厂，烟农合作社育苗专业队育苗，商品化供苗的管理经营模式。该模式是按照"行业扶持、合作社经营、专业管理、定量供应、以苗养苗、多方受益"的原则，由烟站根据当年规划种植情况，结

合各村实际，确定育苗品种和数量，合作社组建育苗专业队，负责按照烟站要求进行操作，烟农与合作社签订供苗协议，出资购买与种植面积相适应的烟苗。

一、育苗工场建设

烟草公司按照烟叶生产基础设施建设程序，报上级公司批准后，按照建设流程负责育苗工厂的建设。建设完成后，将育苗工场资产移交合作社管理和使用，但烟草公司拥有设施的处置权。地点选取以方便管理、方便烟农取苗为准，规模要因地制宜、大小适中。

二、运作方式

（一）经营主体

烟农合作社作为育苗工场的经营管理主体，负责育苗工场的设施维护、育苗、供苗等工作。育苗前，由烟站与育苗工场签订育苗协议，明确育苗品种和育苗数量、质量以及价格等内容，由合作社与烟农签订供苗协议，明确供苗时间、品种、数量、价格等内容。合作社负责组织育苗队员，并在烟站指导下对专业队员进行培训，确保按照育苗操作规程进行操作。

（二）技术支撑

烟站负责辖区内育苗的技术培训、指导及服务。要求烟站每个工场至少配备一名烟草技术人员，对辖区育苗工场每日进行技术指导和管理监督，确保烟苗培育技术、管理技术到位。同时烟站开设技术培训班，聘请专业人员对育苗管理员进行全方位的指导，确保在整个育苗过程中的技术到位率。

（三）经费管理

育苗工场的费用来源主要包括 3 个方面：一是烟草公司的补贴；二是烟农购买烟苗款；三是育苗工场多元化经营收入。根据育苗成本费用核算，烟农提供部分育苗费用，烟草部门按照当年的生产扶持政策适当补助管理资金，以此保证育苗专业户的经济收入，即业主收入主要来源于育苗费，以达到"以苗养苗"的目的，从而使参与育苗的各方利益都得到保障。

1. 烟草公司的补贴

每年烟草公司出台扶持政策，对烟农合作社专业化育苗进行适当补贴，补贴主要用于合作社购买烟种、发放专业队员工资、育苗设施的维护等。

2. 烟农购买烟苗款

育苗前，合作社与烟农签订购苗协议，明确购苗数量、金额等内容，并交付合作社育苗款，合作社利用育苗款用于支付育苗物资费用等。

3. 育苗工场多元化经营收入

育苗结束后，合作社利用育苗大棚种植食用菌、杂粮、蔬菜等收入用于设施的维修，实现"以棚养棚"。

三、明确相关职责

（一）合作社职责

合作社负责做好建设土地的征用工作及与育苗管理员签订合同。合作社必须做好与烟农签订买卖烟苗协议等相关工作，确保按时提供给烟农规定品种的无病壮苗，确保育苗费用能够及时到位，严格按照烟农种植合同面积预约育苗数量并定时定量供应给烟农烟苗。

（二）烟站职责

负责做好育苗工场建设用地选择建议、育苗各环节的技术指导、培训、政策措施的落实工作，考核育苗技术到位率。各育苗环节由烟站、烟草技术人员考核认可后签字。

（三）育苗专业队员职责

负责育苗的规范化操作、流水化作业、精细化管理，确保适时培育足够数量的壮苗。育苗专业户在苗床平整、育苗棚建造及装盘、播种、消毒、剪叶、炼苗等各个环节都应严格按照技术要求进行规范操作，所有环节全部实行流水作业，以提高烟苗的整体素质。开通"可视"窗口，让烟农及时了解育苗情况。

四、考核机制

建立对在集约化育苗组织管理中做出成绩的各部门的奖励机制，以提高各部门管理工作的主动性和积极性；建立对在各项技术工作中作出突出贡献的技术人员实行重奖的机制，营造鼓励创新、重视科技的良好氛围，充分发挥各级技术人员工作的主动性和积极性。

在育苗过程中，由烟站和烟草技术人员共同考核育苗管理人员的技术到位率，分育苗播种（20%）、中期管理（30%）和供苗情况（50%）进行3次考核，根据考核结果划拨补助经费。

合作社与烟草技术人员对育苗管理员必须完成的工作量及工作目标制定配套的考核办法，管理员工资与工作质量挂钩，实行动态管理。

县级烟草公司同时制定烟站、烟草技术人员、育苗经营主体（合作社）的考核管理办法，明确育苗工作纳入目标管理考核，与奖惩挂钩，充分调动有关部门组织烤烟育苗积极性，提升管理水平。

第三节　育苗的物资管理

集约化育苗专用物资不仅是保证安全推广集约化育苗的物质基础，也是降低育苗成本、提高经济效益的关键。集约化育苗涉及的配套物资达十余种，这些物资的制造、采购、使用过程具有较大的风险性与较强的技术性，应当掌握其配套过程中的技巧，最大限度降低集约化育苗风险与成本。

一、集约化育苗的物资管理要求

目前，针对不同气候条件、不同栽培对象设计的棚室种类繁多。各地在选用棚室建造的类型和规格时，应当规范设计，委托专业队伍施工，力求做到科学、安全、低成本。在烟叶集约化育苗季节，如有雨雪的地方，棚室形式要符合降大雨大雪时棚面不积留雨雪的棚顶弧度要求；有较强季风侵袭的地区，育苗棚要达到相应的抗风强度；温凉烟区需要考虑尽早受光升温的建棚方向和倾斜角度。

育苗盘是集约化育苗多年重复使用的物资，设计与采购育苗盘时要注意有关的技术细节，以控制育苗成本。如漂浮育苗的育苗盘，长宽规格为52.3cm×32.1cm的盘面上应当有不低于160个育苗孔穴，这是我国漂浮育苗推广应用较成功地区的标准育苗盘规格。上述规格的育苗盘厚度应达6cm，每盘平均风干重量不低于220g。采购合同必须约定重量，否则本该平均使用4年左右的育苗盘将提前损坏，加大折旧成本。育苗盘孔穴底部平面与盘底面的距离不宜超过7mm，否则易发生基质接触不到水面导致不出苗的现象。

基质是安全有效地推广集约化育苗技术最重要的物资。基质的总孔隙度应该达

70%~80%，这是衡量基质三相比例是否协调的指标。自动吸持水量应达70%左右，吸持水含量低可能会导致种子不萌发，吸持水含量过高则烟苗长势较弱。基质电导率过高，容易在盘面产生盐渍化现象，从而为害幼苗；过低则选原料困难，可能总养分不足，前期烟苗长势缓慢。

育苗时需选用营养全面的专用营养液肥，避免部分地区由于水源中微量元素缺乏而引发缺素症，不利于培育壮苗。

其他集约化育苗物资加工采购同样也很重要，需要注意把控质量。

二、集约化育苗后的物资管理

育苗盘、池膜、剪叶器械、塑料小棚和大棚等均可重复使用。因此育苗结束后，要认真做好育苗物资的清洗、消毒、存放等管理工作，保证第二年物资能正常使用。尽量节约开支。移栽结束后，应着重做好以下几方面的工作。

烟苗移栽后，应将育苗盘上残留的基质和残根及时清洗干净，喷施消毒药液后，用塑料薄膜包好置于遮阴场所存放。

将池膜及小棚上的盖膜、防虫网上的灰尘洗净，晾干水分后再进行保存。

收好小棚上的遮阳网、钢架或竹条等。

做好育苗物资贮藏点鼠类的防治工作，防止鼠类对池膜、盖膜、防虫网、遮阳网等育苗物资的损害。

育苗结束后的大棚，应当避免栽种茄科作物，在翌年育苗前3个月内，禁止栽种任何植物，以减少棚内病虫的为害。

第三章 烟草集约化育苗技术

第一节 概 述

烟草栽培广泛采取育苗移栽的方法。育苗移栽主要有以下优点：第一，可以缩短大田生长时间，充分经济利用土地，有效提高复种指数；第二，烟草种子细小，出土力很弱，对环境条件要求较严格，而在小面积苗床上，能做到精细化管理，满足幼苗生长的要求；第三，经过间苗、炼苗和除杂去劣，可保证烟苗生长整齐健壮；第四，在无霜期短的地区，能够较好地克服霜期对烟草生长的限制。

一、烟草育苗的发展

20世纪70年代以前，烟草育苗主要以露地育苗和温床育苗为主。露地育苗一般是在温暖季节里播种育苗的一种方式，于田间露地做苗床，周围设简单的风障，无保暖覆盖物。温床育苗是春季比较寒冷的地区常采用的一种育苗方式，主要利用酿热物提高苗床地温，达到早出苗、早成苗的目的。目前，这两种育苗方式都已很少采用。

进入70年代，随着科学技术的发展，塑料薄膜在烟草育苗上得到广泛应用，薄膜覆盖保温育苗方式逐渐成为主流。这一时期主要有常规育苗、小拱棚育苗、营养钵育苗等方式，与露地育苗和温床育苗相比，可减轻外界环境条件对育苗过程的影响，尤其是低温对烟苗生长的影响。可以提早育苗，且能适应挖大垛移栽，但存在成本高、用地多、劳动强度大、播种期和播种质量仍受外界环境条件制约等方面的缺点。

90年代，随着规范化生产水平的进一步完善，集约化生产、规模化经营、机械化生产的需求日益升高，一家一户的育苗方式已不适应这种形势的发展，因此工厂化、集约化育苗管理方式被提出。同时，新材料（塑料育苗盘）、新技术（包衣种子丸化技术、苗床熏蒸消毒技术），在烟草生产上被广泛推广应用。淄博市最早采取中棚播种育苗，待大十字期后假植到塑料托盘的两段式育苗方式，后来逐渐发展到大棚集约育苗方式。2014 年开始，试验成功漂浮育苗方式，到 2016 年在淄博市推广面积已达 100%。期间，还试验推广了直播育苗方式，减少烟草育苗假植环节的用工。

集约化育苗是在温室或塑料薄膜覆盖的大棚内，以塑料托盘或其他格盘为载体，配以人工配制的营养基质，完成烟草种子的萌发、生长和成苗过程。由于营养基质摆脱了传统的土壤生长条件，通常又把这种方法称为基质育苗。集约化育苗技术打破了传统的常规苗床育苗技术，是一种规模化、工厂化的育苗方式，集基质栽培、水培、容器栽培等优点于一体，可促进烟苗快生早发、茎秆粗壮、根系发达、抗性增强，增强烟苗的大田适应能力。整个育苗过程完全脱离了土壤，摆脱了传统的育苗方式和土壤的负面影响。因此，集约化育苗技术的研究成功是烟草育苗史上的重大变革。

二、国外烟草育苗现状

美国 20 世纪 80 年代开始将温室或大棚悬浮式技术应用于烟草育苗，温室、人工辅助加温系统、自动装盘机、半自动气动式播种机等机械的应用，悬浮育苗盘及丸化种子载体的开发，营养液的研制以及实现肥水和温度调节的自动化，使育苗技术达到了较高水平，烟苗素质大幅度提高，满足了烟草种植规模化、专业化、机械化的要求。无土育苗技术在巴西被广泛推广，只是受社会经济条件限制，达不到美国的现代化水平，但通过对此项技术进行简化，采用小棚或中棚进行常规管理，也取得了较好的效果。日本烟草育苗技术中也贯穿了集约化、机械化育苗的理念。但与美国不同的是，假植育苗的方式也被广泛采用，20 世纪 90 年代初期才逐渐向丸化种子直播方式过渡。另外，日本育苗采用的营养土经过了严格的消毒并特殊配制。育苗过程中普遍采用了如滚筒式播种器等工具，极大地提高了育苗效率。加拿大采用大棚直播育苗的方式，最突出的特点是各个烟区所用的营养基质完全一致，由专业公司统一加工，具有良好的通透性和保湿性能。营养基质采用物理方法消毒，即 82℃以上高温熏蒸 30min，基本杀灭草籽、虫卵和病原物。另外，施肥标准一致，氮、磷、钾配比要求严格。

三、国内烟草育苗发展

纵观国内育苗技术的发展历程，可分为 3 个技术阶段。

（一）平畦撒播育苗阶段

畦面与地面水平，畦面长 10m、宽 1m，四周筑 15～20cm 的畦埂。育苗肥以厩肥、芝麻饼、豆饼、鸡粪为主，种子经消毒、催芽，播后覆盖塑料薄膜保温。塑料薄膜的平畦育苗方式在我国持续应用了 20 多年，在很大程度上促进了烟草育苗技术的进步。但是，该育苗技术是粗放式的，以农家肥为主，采用撒播方式等技术措施，烟苗根系数量不足。同时多次间苗、定苗、除草、假植等工序操作，费工费时，且容易传播病毒病。

（二）平畦营养袋育苗阶段

20 世纪 80 年代初期，中国烟草总公司成立，促进了我国烟草种植业的迅猛发展，以提高烟叶生产水平为目标，增加科技投入，推行"三化"生产等措施，大大促进了育苗技术的改进。有的烟区采用了划块播种与起苗移栽技术，即将苗床整平灌透水后，先用刀具划 6cm×6cm 的土块，然后点播，移栽时不浇水，提高了烟苗成活率，增强了烟株的前期长势。有的烟区采用塑料营养袋育苗技术，即在苗床烟苗 4~5 片真叶时，移植在营养袋里，促烟苗长大。有的还采用稻草和泥土制作营养杯，创造了营养杯育苗方法。该阶段的技术特征是精细型的，营养袋在很大程度上促进了烟苗的个体发育和次生根数量的增加，对缩短烟苗的返苗时间和促进大田期烟株早发快长起到了良好作用，使我国烟草育苗技术和烟苗质量得到了较大幅度的提高。

（三）设施育苗阶段

设施育苗是现阶段大面积推广应用的育苗技术，即在塑料大棚覆盖下，用塑料托盘或漂浮盘进行育苗。20 世纪 80 年代初期，开始借鉴加拿大的蜂窝育苗技术，用塑料托盘进行大棚育苗。至 20 世纪 90 年代初期，部分烟区相继开展了托盘育苗的研究、示范和推广工作，均取得了良好成效。同期，我国烟草科技工作者在继承国内外先进技术成果的基础上，开始漂浮育苗技术研究，并在立足我国基本国情的基础上，对此项技术加以改进，推出"塑料大棚+小拱棚"的育苗技术体系。1999 年国家烟草专卖局正式立项，由中国烟叶生产购销公司主持，在全国烟叶主产区推广集约化育苗新技术。目前，漂浮育苗技术作为一项通用技术在全国各大烟区已广泛推广应用。

第二节　集约化育苗的意义和要求

一、集约化育苗的意义

育苗是烟草生产的首要环节。培育数量充足、整齐健壮的烟苗，是完成烟草种植计划的先决条件，是获得优质、适产、高效、低成本烟叶的基础。生产实践证明，烟草育苗移栽对烟草生产具有重要意义。

（一）保护性栽培有利于培育壮苗

烟草种子小，幼苗嫩弱，从种子萌发到幼苗生长阶段，抗逆能力弱。通过小面积苗床精细管理，易于满足幼苗对温、光、水、肥等条件的需求。保护性栽培更利于防止自然灾害的侵袭和病、虫、草的为害，培育出健壮烟苗。

（二）经济利用土地

育苗能缩短大田期占地时间，经济利用土地，提高种植指数，缓解前后茬作物接茬、争时、争地矛盾。

（三）提高烟苗整齐度

通过苗床间苗、假植和移栽过程的多次选苗，结合去杂、去劣、去弱、留壮，可保证育出纯度高、素质好、返苗快、生长整齐一致的烟苗。

（四）解决无霜期短的问题

在无霜期短的东北烟区，保温育苗可克服晚霜的危害；北方夏烟通过育苗移栽，使大田期有充足的生育时间。

二、集约化育苗的优势

（一）烟苗生长齐、快，缩短育苗时间

适宜的温湿环境以及包衣种子丸化等配套技术的不断完善，集约化育苗避免了外界多变的环境条件对育苗过程造成的不利影响，有效地解决了早春烟草育苗中遇到的低温时间长、昼夜温差大、烟苗生长缓慢、影响适期移栽等问题，有利于早生快发。因此，集约化育苗的烟苗生长快，长势均匀一致。集约化育苗成苗时间一般可缩短10~20d。

（二）烟苗根系发达，壮苗率高

由于集约化育苗基质和营养液是按一定比例人工配制的，各种营养成分均匀一致，种子萌发和烟苗生长的温度、湿度、光照、水分、苗距和通风等环境条件都由人为统

一调控在相同的水平，每一粒种子和每棵烟苗可获得的养分及所处的环境是均等的，因此，集约化育苗培育的烟苗根系发达，烟苗健壮，其大小、高矮、茎粗、叶色和根系发达程度都比较均匀，成苗率高，壮苗率高。试验表明，漂浮育苗的一级侧根是传统育苗的 3.3~8.0 倍，根系比常规育苗多 4~5 倍，烟苗均匀程度比常规育苗高 2~3 倍，壮苗率比常规育苗高 30.6%。整齐均匀的壮苗，尤其适宜于机械化移栽和大田管理，为实现烟叶的优质生产奠定了基础。

（三）卫生条件好，减少病、虫、杂草对烟苗的为害

采用常规育苗方法，播种后土壤的杂草种子普遍比烟草种子提前 3~5d 萌发，而且杂草抗逆性强，生长速度快，严重影响烟苗正常生长成苗。与此同时，烟苗从发芽开始常常遭受来自土壤和外界环境传播的害虫与病原物的侵袭，防治稍不及时就会造成烟苗大量受损。带病的烟苗移栽到大田后，成为初侵染源，引起烟苗严重发病。集约化育苗由于基质、育苗地和营养液以及烟种都经过严格消毒，育苗场所一般都采用温室或塑料大棚，阻隔了外界有害生物的传入。因此，集约化育苗的烟苗不会受到杂草、害虫的为害，明显减少病害发生。

（四）移栽后烟株生长快，长势整齐，病害轻

集约化育苗培育的烟苗，由于根系发达，移栽到大田后烟株生长比较快，长势、长相和发育进度比较整齐，烟叶成熟和落黄比较一致，便于管理和调制。田间病虫害的发生及为害也比较轻，烟叶的产量和质量比常规育苗有所提高，真正达到增产、增收的目的。据研究，大田移栽后集约化苗生长快，发育早，移栽后 25~30d 即达到团棵期，农艺性状（茎围、最大叶面积等）优于常规烟苗，烟叶产量比常规苗提高 5.7%，上等烟比例比常规苗高 11%。同时，烟株发病程度比较轻，发病株率平均比常规苗少 12%~16%。

（五）节省劳力，减少农药污染和肥料用量

集约化育苗过程中根据烟苗的长势适当地进行控温、控水、增加肥料；通过剪叶、剪根等一系列炼苗措施，使烟苗有效叶数、茎秆高度、干物质积累、根系状况等指标达到移栽要求，为培育"适、壮、足、齐"的烟苗、配合大田生产提供了保障。烟苗育成后，可直接将格盘运至大田，装于移栽机进行移栽。播种机、剪叶机等配套设施的不断完善，极大地降低了育苗、移栽的用工量。

传统育苗方法病、虫、草害比较严重，需要大量施用杀菌剂、杀虫剂和除草剂，

以减少病、虫、草害带来的损失。化学农药在防除病虫杂草的同时，对环境和烟叶都会造成污染。集约化育苗由于苗期减少了病、虫、杂草的为害，大田期病虫害也比较轻，一般可少施农药，减少农药对环境和烟叶的残毒污染，有利于提高烟叶和环境的安全性，这一点在强调吸烟与健康的今天尤其重要。同时，集约化育苗能根据烟苗生长的需要施用肥料，可节省肥料用量。

（六）降低育苗成本，有利于实现育苗规范化、标准化、专业化、工厂化

首先，集约化育苗可以提高土地利用率，实现密植和立体栽培。集约化育苗减少苗床面积（37.58m² 苗床可供 1hm² 大田用苗），单位面积育苗效率提高，成本降低；其次，集约化育苗方法播种密度高，成苗率高，大大节省了用种量，减少相应的投资成本。同时集约化育苗减少了农药、肥料和人工的投入。集约化育苗与传统育苗相比，可降低成本 577.7 元/hm²。另外，集约化育苗技术管理集中，在工序上比传统育苗方式简单，操作方便，节省劳力，更有利于实现育苗技术规范化、质量标准化、管理专业化、生产工厂化。

三、育苗的要求

培育壮苗是烟草优质丰产的基本保证。农谚曰："有苗三分收，好苗一半收"，充分说明了培育出健壮的烟苗是烟草生产成功的基础。对烟草育苗的总要求：壮苗、适时、量足、整齐、大小适宜。

（一）壮苗

培育壮苗是生产优质烟叶的第一步。理想的烟苗应该无病害，根系发达，整齐度高，抗逆性强，移栽后返苗快，成活率高。壮苗是指生长发育良好，新陈代谢旺盛，有机物质合成、积累较多，内含物丰富，碳氮比协调，抗逆性强，移栽成活率高的烟苗。弱苗营养不良，组织柔嫩，移栽后容易失水萎蔫，成活率低。而苗龄过长的老苗，茎秆组织木质化，移栽后发根迟滞，成活率也低，大田期不易发棵开片，容易发生早花。烤烟的壮苗特征有：

1. 根系发达是烟苗健壮的重要标志之一，也是移栽后返苗时间短的先决条件

壮苗侧根数多，根系分布幅度大，吸收水肥能力强，伤流量大，活力旺盛。如采用漂浮育苗方式培育壮苗，就要求烟苗根系发达，单株根系达 300 条以上，根白，单株根干重在 0.05g 以上。

2. 茎粗壮而柔韧亦是衡量烟苗壮弱的重要标志之一

节间较长，叶片在茎上分布均匀，幼茎粗，茎秆柔韧不老化，根、茎、叶之间发育平衡，这些是健壮烟苗的长相。茎秆纤细是发育不良的高脚弱苗的长相。生产上对烟苗茎高的要求，应视移栽方式而定，如"膜上烟"要深栽，苗茎宜长；"膜下烟"要栽小壮苗，烟茎宜短。

3. 有一定的叶片数，叶色正常

成苗期要求的叶片数各烟区大致相同，一般6~8片叶。若叶片数过多，移栽后蒸发量大，凋萎严重。叶片过少，则光合面积小，侧根数相应也少，移栽成活率低。壮苗叶片绿色正常，浓淡适中，组织致密、厚实，叶内积累养分较多，细胞浓度较大，清秀挺拔，栽后返苗快。若叶色发黄则是缺氮、渍水、少光所致，是弱苗的表现。若叶色浓绿，则是施用氮素过多，容易导致烟苗碳氮代谢失调，生长也受到影响。

4. 抗逆性强

壮苗具有较强的抗旱、耐渍、耐寒性能及抗病能力，叶色清秀无病斑、虫孔，未感染病毒和根茎类病害。

不同的移栽方式，对烟苗的成苗标准要求不同，采用井窖移栽的烟苗：真叶5~6片，茎高3~5cm，茎秆较粗壮，生长健壮均匀，无病虫害；采用大苗深栽的烟苗：茎高8~10cm，茎秆粗壮，富有韧性，不易折断，真叶7~9片，叶色浅绿至绿，根系发达，无病虫害，群体生长整齐一致。

(二) 适时

适时指在移栽适期内烟苗恰好达到成苗标准。主要是指当地的气温、土温适宜烟苗移栽后生长；烟苗的大小、苗龄的长短也正适宜大田移栽。若成苗过早，前作未收不能整地移栽，待前作收获后，烟苗苗龄过长，移栽后发育不良，产量和质量不高。即便在冬闲地种烟，移栽过早，烟苗生长缓慢，常遇晚霜、倒春寒危害，容易导致早花，叶片数减少，且主要部位叶片不是在光热充足的最佳季节生长与成熟，造成产质低劣。若成苗过晚，则贻误农时，在无霜期短的烟区，初霜来临时上部叶尚未充分成熟而被迫提早采收，青烟率上升，烟叶质量不佳。因此，根据各地移栽适期的要求，选择适宜的播种期、假植期，确保移栽时育成适龄壮苗。

(三) 数量足

按当地计划种植的面积和大田移栽密度，保证培育数量充足的壮苗。若烟苗不足，势必移栽部分弱苗或小苗，造成烟株大小、强弱不一致，给采收烘烤带来难度，且烟叶的产量与品质降低。

生产实践表明，在计算移栽面积和密度所需的烟苗数量时，尚需增加10%左右的预备苗，供移栽后查苗补缺之用。

（四）苗齐

生产上不仅要求烟苗健壮，而且还要求大小整齐一致，以保证大田烟株生长整齐、成熟一致，为采收烘烤的顺利操作以及提高烟叶的质量打下良好的基础。如果烟苗大小、强弱不一，大田期吸收水肥能力和所占空间有较大差异，即使采取农艺措施，也难以形成优质烟整齐、健壮的群体结构。

（五）大小适宜

烟苗的大小应适应烟区生态环境和栽植方式的要求。对于平原烟区，起大垄移栽或栽培"膜上烟"的地区，习惯于深栽烟，将烟茎埋入土中6~13cm，故要求烟苗有8~9片真叶、茎高10~15cm，称之为高茎壮苗。对于土层浅薄的丘陵坡地，多采用低垄栽烟，团棵时培土，习惯于深挖穴、浅栽烟、高培土，宜栽8~10片真叶、茎高6~10cm的矮壮苗。对于无霜期短或地势高寒的烟区，多采用保护性的"膜下烟"栽培方式，以防移栽后短期的低温危害，宜栽真叶6~7片、茎高3~5cm的小壮苗。

总之，各烟区对烟苗素质的基本要求是一致的，可概括为：壮、适、足、齐、大小适宜。这五者密切相关，同等重要。也就是说，成苗期烟苗的素质和数量，既要适用于不同生态条件烟区和适宜移栽期，又要适应不同栽植方式对烟苗的需求。

第三节　育苗棚的建造

要进行集约化育苗生产，首先必须要有一个能够在最佳环境条件下经济有效的育苗温室，以保证烟苗的正常生长。必要时，还需一个遮阴棚来进行养护和炼苗。不同育苗设施的功能基本一致，但环境控制的能力、技术先进性、操作的自动化程度、建造材料和成本等方面相差较大，各地应结合当地的实际情况和财力状况综合考虑，选用适当的育苗设施。设施先进性的差异是客观存在的，但更重要的是选择适宜的育苗设施，才能更好地完成育苗任务。

目前，常用的育苗设施包括现代化温室、日光温室、塑料大棚、塑料小拱棚，本章重点介绍淄博烟区普遍使用的拱圆形全钢架无立柱塑料大棚，该类型大棚建造简单、使用寿命长、经济效益高。

一、大棚结构

拱圆形全钢架无立柱塑料大棚以镀锌钢管为拱架，按拱圆形无立柱结构设计，高度 2.8~3.2m，跨度 8m，长度 40m 左右（也可根据地块长度，最好不要超过 60m），拱圆形具有抗风灾、雪灾能力强的特点，无立柱具有机械耕作方便的特点，全钢架具有使用寿命长的特点，且建造快捷。

二、大棚选址

选择建设育苗大棚场地时，可以根据种植规模，以乡镇或村为单位建造大棚。

选地势平坦的开阔地带，远离村庄、烟田、菜园、果园、场园及烤房等毒源，与畜禽隔离，靠电源和水源近、交通方便的地块。禁止在前茬为马铃薯、番茄、辣椒、黄瓜、油菜等作物的地块建棚，禁止在风口处、山脚下、地下水位较低的地方建棚。

育苗区域要具有以下的设施：

（一）隔离带

苗床周围用铁丝网、木桩等围护，除管理人员外，严禁闲杂人员及畜禽进入，以防传播病虫害。

（二）警示牌

在育苗区域设立严禁吸烟的警示牌。

（三）参观棚

在面积较大的育苗区域，单独设立参观棚，减少病原传播的概率。

（四）消毒池

大棚入口或小棚育苗区域入口处设消毒池，用消毒液或漂白粉进行消毒，定期更换消毒液。育苗棚外设立洗手池。

（五）病残体处理池

在育苗区域外建造处理池或焚烧炉，对剪叶时的烟苗残体和病残株集中处理。

三、大棚建造技术

（一）建造材料

拱架及拉杆、斜撑杆全部选用热镀锌钢管，拱架选用 DN25 钢管，壁厚 2.2mm 以上，横拉杆、斜撑杆均选用 DN20 钢管，壁厚 2.0mm 以上。

基础材料选用 C20 混凝土。

棚膜选用醋酸乙烯（E-VA）薄膜，厚度 0.10mm 以上，透光率 90% 以上，使用寿命 1 年以上。

固膜卡槽选用热镀锌固膜卡槽，镀锌量 ≥80g/m²，宽度 28～30mm，钢材厚度 0.7mm，长度 4~6m。

卷膜系统。在大棚两侧底部安装手动卷膜系统。

防虫网选择 40 目幅宽 1m 的尼龙防虫网，安装于两侧通风口。

压膜线采用高强度压膜线（内部添加高弹尼龙丝、聚丙丝线或钢丝），抗拉性好，抗老化能力强，对棚膜的压力均匀。

（二）建造施工

1. 预制水泥底座

选用 C20 混凝土预制 25cm×25cm×30cm 独立水泥基座，中间预留插拱杆的圆洞。

2. 基础施工

用水平仪测量建设地块高低，平整场地，确定大棚四周轴线。沿大棚四周以轴为中心平整出宽 50cm、深 10cm 基槽。夯实找平，按拱杆间距垂直取洞，洞深 30cm，摆放独立混凝土基础，调整均匀、水平后用土夯实四周。每隔 2m 预埋压膜线挂钩。

3. 拱架施工

（1）拱架加工　拱杆长 11.5m，拱架采用工厂加工或现场加工。

（2）端头加工　选用加工好的拱杆焊接。

（3）拱架安装　先安装一侧端头，用一根钢管斜撑住，以防倾倒，然后将加工好的拱圈依次插入基座洞中，一边安装拱杆，一边用横拉杆连接。如果整体平整度目测有变形，应多次进行调整或重新拆装，直至达安装要求。

4. 斜撑杆安装

拱架调整好后，在大棚两端将两侧 3 个拱架分别用斜撑杆连接起来，防止拱架受力后向一侧倾倒。再在拱圈两侧距地面 40cm 和 120cm 处用钻尾丝各打两道固膜卡槽。

5. 棚门安装

在大棚靠近路的一端作为出入通道和用于通风，规格为 1.4m×1.6m。

6. 覆盖防虫网

在大棚两侧底角放风口位置安装。防虫网上下两边固定于卡槽内，两端固定在大棚两端卡槽内。

7. 覆盖棚膜

覆盖棚膜前要仔细检查拱架和卡槽的平整度，要在晴天无风的中午进行。上膜时应分清棚膜正反面，将顶膜铺展在大棚上，将膜拉展绷紧，依次固定于通风口上方的卡槽内，侧膜依次固定于通风口下方的卡槽内，下端埋于土中，两端棚膜卡在两端面的卡槽内，下端埋于土中。

8. 通风口安装

通风口设在拱架两侧底角处，宽度 0.8m。底通风口采用上膜压下膜扒缝通风方式。

9. 绑压膜线

棚膜及通风口防虫网安装好后，用压膜线压紧棚膜，压膜线间距 2~3m，固定在混凝土基础预埋挂钩上。

第四节　烟草漂浮育苗技术

烟草漂浮育苗是指在温室或塑料棚内，利用成型的膨化聚苯乙烯格盘为载体，填装人工配制基质，将苗盘漂浮于含有完全营养液的苗池中，完成播种及成苗过程。

一、漂浮育苗壮苗标准

与淄博市推广的井窖式移栽方式相配套，苗龄 45~50d（常规移栽苗龄约 65d），茎高 4~6cm（常规移栽茎高 8~12cm）、真叶 5~6 片（常规移栽 7~8 片），茎围 2.0~2.5cm。烟苗清秀无病，叶色绿，叶片稍厚，根系发达，茎秆柔韧性好，绕指不断，烟苗群体均匀整齐，无病无毒。

二、大棚管理

塑料大棚多年使用，每年使用前必须进行消毒处理。育苗前棚内外消毒，可首选二氧化氯1 000倍液喷雾，也可选用25%甲霜灵锰锌或37%福尔马林，用200~300倍液喷雾。大棚内消毒后工作人员要尽快离开棚室，密闭棚室升温3~5d，提高消毒药效。消毒后棚膜卷起通风3~5d。棚外地面、走道、排水沟消毒可用3%的石灰水或5%的漂白粉喷洒消毒。

三、育苗池建造

每个大棚用空心砖或红砖建2个育苗池，面积根据大棚面积和漂浮盘规格而定，池深20cm左右，池底平整拍实，宜用除草剂和杀虫剂喷洒池底，用无纺布和0.10~0.12mm黑色薄膜铺底，育苗池上方设置小拱棚保温。

四、水源和水质

水源对避免烟苗传染病害非常重要，而水质对苗池中营养液的pH值和各种元素的利用有影响。漂浮育苗用水必须清洁、无污染。可用自来水、深井水，以达到人畜饮用水标准为好，禁止用池塘水或污染的河水。育苗场地选址要充分考虑水源的方便，每年进行水质分析，掌握水的pH值及营养元素状况，以便调节水质和育苗肥的营养成分。

水质的好坏在集约化育苗中显得更为重要。劣质水质会破坏基质的结构，阻止空气和水的渗透；引起对叶和根的直接盐害，造成个别离子中毒（如高硼或高氟化物），或造成个别离子的缺乏（如低钙或低镁）；改变基质的pH值，降低对肥料的吸收，引起轻微甚至严重的营养缺乏；诱导霉菌和细菌的扩散，造成植物生长迟缓，叶片变黄。

水质在不同地区有较大的差异，即使在同一个地区，因水源不同，水质也有变化。井水有可能含有较高的硝态氮、铁元素。自来水可能含有较高含量的钠、氯、氟。蓄水池蓄积的水，可能过多地含有从周围环境带来的化肥、杀虫剂以及盐类。环境的任何变化，如干旱、水灾、冰雪融化，都可能引起水质的变化。

好的水质是集约化育苗生产的良好开端。表3-1列举了漂浮育苗的水质标准。漂浮育苗时使用的水质不能太差，以避免产生弱苗。

表3-1　烟草漂浮育苗水质成分允许范围

成分（单位）	允许范围
pH值	6.0~7.5
电导率（μS/cm）	750
碱度（mg/kg）	50~100

（续表）

成分（单位）	允许范围
硝态氮（mg/kg）	0~5.0
磷（mg/kg）	0~5.0
钾（mg/kg）	0~5.0
钙（mg/kg）	40.0~100.0
锌（mg/kg）	15.0~50.0
铜（mg/kg）	0~2.0
铁（mg/kg）	0~2.0
锰（mg/kg）	0~2.0

五、基质

基质以富含有机质的材料为主，如泥炭、草炭、碳化或腐熟的作物残体，再配以适当比例的蛭石和膨化珍珠岩等。基质的物理特性是由基质材料中有机质含量、基质的容重、总孔隙度、毛管孔隙度、基质粒径等决定的。烟草漂浮育苗基质理化指标要求见表3-2。

表3-2　烟草漂浮育苗基质理化指标

项目	指标
粒径（1~5mm）（%）	30~50
容重（g/cm^3）	0.10~0.35
总孔隙度（%）	80~95
有机质含量（%）	≥15
腐殖酸（%）	10~40
pH 值	5.0~7.0
电导率（μS/cm）	≤1 000
水分含量（%）	20~45
有效铁离子含量（mg/kg）	≤1 000

六、基质装盘和播种

(一) 苗盘消毒

育苗盘要求规格统一，以便使用播种装盘机。首次使用的新盘可不用消毒，旧盘在育苗前一周（最多不超过15d）必须消毒。先用清水（最好有高压水枪）将旧盘空穴中的基质、烟苗残根等彻底冲刷干净；然后参考如下方法之一进行消毒。

1. 漂白粉溶液消毒

用清洁水配制30%有效氯的漂白粉20倍液，将育苗盘浸入贮液池中浸泡15～20min（或浸入后捞起整齐地堆码在垫有塑料薄膜的平地上放置20min），然后用清水将育苗盘冲刷干净备用。

2. 二氧化氯消毒

配制1：100的二氧化氯溶液，于通风处按产品使用要求将20 000mg/kg浓度的二氧化氯原液与适量的活化剂柠檬酸（二氧化氯原液与柠檬酸配比为10：1）在塑料容器（忌用金属制品）中混合均匀，混合时间在15min内为宜；将加入活化剂的二氧化氯原液按1：100的浓度加水稀释；将稀释后的二氧化氯溶液均匀充分地喷洒在盘面和孔隙内，每盘喷适量约200ml；然后将育苗盘整齐堆码在干净薄膜上，密闭48h后使用（也可以不用清水冲刷）。

(二) 基质装盘

装盘前将基质喷水搅拌，让基质稍湿润，含水量约40%。每个苗穴的基质装填均匀一致，装满后轻墩苗盘1~2次，让基质松紧适中，切忌拍压基质，以防装填过于紧实。播种后及时放入育苗池，防止基质干穴不出苗。

基质装填量对烟苗生长发育的影响（大十字期）见表3-3。

表3-3　基质装填量对烟苗生长发育的影响（大十字期）

填装量 （g/穴）	第4片真叶长 （cm）	总根长 （cm）	主根长 （cm）	侧根总长 （cm）
2	1.26	24.62	15.40	9.22
3	1.24	26.18	17.72	8.46
4	1.18	22.58	14.52	8.06
5	1.96	20.54	13.88	6.66
6	2.40	21.16	15.56	5.40

（三）播种

播种期依据移栽期倒推 65d 左右为宜。育苗棚内日均温度连续 10d 达到 10℃ 是最佳播种始期。

使用压穴板在每个孔穴的基质表面中央按压出 7mm 深的小穴，保证每个播种小穴深浅一致、适当。用播种精准度近 100% 的播种机，每穴播放 1 粒种子。出苗率 95% 以上不必补苗，出苗率低于 95% 的少量盘用高密度育苗盘上的小苗补苗。

（四）双层棚育苗

烟苗第一次剪叶之前，育苗池采用大棚内套小拱棚的措施，以提高育苗温度，促进烟苗前期生长。小拱棚高度 30~50cm，用竹片搭建，拱间距 1m。严格控制小棚内温度 25~28℃，相对湿度 90% 以内。小棚膜要方便揭盖，当上午大棚温度高于 20℃ 时要揭小棚膜晒盘增积温。日落前覆盖小棚膜保温增积温。根据实际气温情况，可以在大十字期或夜间大棚温度明显回升时拆除小棚。

七、养分和施肥

（一）矿质元素和烟苗生长发育

1. 氮

氮素对烟苗生长起着重要作用。适量的氮可促使烟苗生长发育良好，叶片大小适中，根系发达，地上部与地下部比例协调，对提高烟苗综合素质有极好作用。若氮素过多，烟苗地上部生长旺盛，叶面积过大，容易引起移栽后发生萎蔫而不易成活，且烟苗束缚水/自由水和根冠比偏低。氮不足则烟苗矮，叶小且黄，达不到移栽要求。

2. 磷

磷是烟草不可缺少的组成成分，施用量在一定范围内，能够促进根生长点细胞的分裂和增殖，刺激烟草根系的生长。磷素吸收不足，烟株矮小，叶色暗绿，抗逆能力下降。另一方面，随着施磷量的不断增加，将影响其他元素的吸收。

3. 钾

钾素在烟草内以离子态存在，对于维持细胞扩展所需要的适宜膨压是必不可少的。植物幼嫩组织是反映钾素营养状况最敏感的部位，研究表明，幼嫩的烟苗中含有较高的钾元素。钾素充足时，烟草对水分的利用更为经济，而且在一定范围内，烤烟含钾量增加，蒸腾系数下降，说明钾素可以增加烟草的抗旱性。钾对烟苗抵抗环境胁迫有良好的作用,能增强烟苗的抗逆能力。适量的钾可增加烟苗根鲜重和株鲜重,提高根冠比,使烟苗粗壮、抗逆性强。过多施用会造成钾的浪费。

4. 钙

烟草中钙的吸收量与钾吸收量相近,略低于钾。钙在烟草体内是最不易移动的营养元素之一。烟株缺钙会造成生理紊乱,游离氨基酸含量明显增加,这可能是由于抑制了蛋白质合成及使某些组织中的蛋白质分解所造成的。缺钙情况下,根生长量没有增加。钙不仅是一个必需营养元素,而且有助于保持烟草生长的理想 pH 值。烟株缺钙症状多出现于新生芽、叶和根尖上。

5. 镁

镁在烟草体内是能够再利用的营养元素,所以,缺镁症多先出现于下部老叶。缺镁烟叶先在叶尖、叶缘的脉间失绿,叶肉由淡绿色转为黄绿或白色,但叶脉仍呈绿色,失绿部分逐渐扩展到整叶,使叶片形成清晰的网状脉纹。缺镁症由下部叶逐渐向上部叶扩展。严重缺镁时,下部叶几乎变成黄色和白色,叶尖、叶缘枯萎,向下翻卷。

6. 硫

硫对烟草根系生长、叶绿素的形成有一定的作用。硫属于不易移动的元素,缺硫症状一般先出现于新叶片和上部叶的叶尖上,症状与缺氮症相似,叶片明显失绿黄化。缺硫表现为整叶均匀黄化,叶脉发白,叶脉周围的叶肉呈蓝绿色。严重时烟株矮小,根茎生长受阻,叶片易早衰,出现枯焦,叶尖常卷曲,叶面有突起点,但无坏死斑块出现。叶质变硬,易破碎。

(二) 养分管理

1. pH 值调节

烟苗生长的适宜 pH 值为 5.8~6.2,pH 值为 5.5~7.5 时也可正常生长,过高过低都容易引起缺素症。在烟苗生长过程中,由于不均衡地吸收多种离子,致使营养液中某些元素贫乏或富积,pH 值发生变化,应及时测定和调节。每添加 1 次营养液,就要调整 1 次 pH 值。调节时,可用硫酸、磷酸、氢氧化钾、氢氧化钠等水溶液以及固体碳酸钙等。营养液 pH 值较大幅度的变化主要受肥料的影响,建议使用烟草公司供应的肥料或专业厂家生产的肥料。

2. 营养液浓度的调整

苗盘入水时,氮素浓度控制在 50~100mg/kg、磷素 35~50mg/kg、钾素不低于 50~150mg/kg,随着烟苗生长,不同阶段对养分的吸收量也不相同。而营养液中的水分和养分,也随烟苗吸收而逐渐减少,因此要适时补充以保持适宜的浓度。一般通过测定营养液的电导率来掌握营养液中各元素浓度的变化。营养液浓度适宜的电导率值为2~4mS/cm,超过4mS/cm时,会造成烟苗萎蔫。如果测定的电导率值低于标准营养液电导率值的1/2时,就应及时追肥,以恢复原电导率值。也可用新配制的营养液更换水床中的营养液。

盘面以下1.0~1.5cm处,是基质中盐分富积最多的地方。出苗期光照过强、温度过高时,盘面水分大量蒸发使盐分富积,往往出现盐害造成烟苗死亡。

苗穴中基质矿质营养分布具有十分明显的规律性。表现在有效磷、有效钾随基质由下向上浓度逐渐降低,而全氮和Ca、Mg、Cu、Zn、Fe、Mn等元素则在基质的上部产生积累,因此,为了平衡基质中养分,防止盐害的发生,出苗后每隔2~3d进行基质浓度检测。盐分浓度过高时,进行苗盘喷淋供水,使矿质元素向下淋溶。

3. 施肥

根据苗床中水的容量决定施入肥料的量。肥料施入苗池前,需先将肥料完全溶解于一大桶水中,然后沿苗池走向,将溶液均匀倒入苗床水中,稍微搅动,使营养液混匀。严格禁止从苗盘上方加肥料溶液和水。

出苗后可施入100mg/kg氮素浓度的肥料;播种后第5周至第6周苗池中再加一次营养液,氮素浓度为100mg/kg;移栽前两周,根据烟苗长势酌情施肥,氮素浓度为50mg/kg。每次施肥时检查苗床水位,若水位下降要注入清水至起始水位。育苗季节,气温高、空气干燥产区,杜绝漂盘前施肥,避免随水分蒸发逸散肥料在表面形成盐渍层造成浪费和伤害幼苗。

八、苗床管理

(一) 温、湿度管理

苗盘表面温度保持在25℃为宜,若棚内温度高于28℃,应及时将棚膜两侧打开,通风排湿,下午及时盖膜,以防温度骤降伤害烟苗。大十字期到成苗,随着气温升高,要特别注意揭膜通风,避免棚内温度超过38℃产生热害(烟苗变褐死亡)。成苗期应将棚膜两边卷起至顶部,加大通风量,使烟苗适应外界的温度和湿度条件,提高抗逆性。

(二) 间苗和定苗

当烟苗长至小十字期至大十字期开始间苗、定苗,拔去苗穴中多余的烟苗,同时在空穴上补栽烟苗,保证每穴一棵苗,烟苗均匀。间苗定苗时注意保持苗床卫生和烟苗的均匀一致。

(三) 剪叶

通过剪叶，可以调节烟苗生长，使烟苗均匀一致，增加茎粗，促进根系发育。但是，剪叶也是烟草病毒病传播的重要途径，因此必须高度重视剪叶人员的卫生操作和剪叶机械的消毒工作。剪叶前要对剪叶工具进行消毒，可采用10%~30%漂白粉80倍稀释液，或用2%二氧化氯500倍稀释液。使用药剂后须用清洁水洗净刀具。每剪完一个育苗池之后，剪叶机必须进行一次彻底消毒。

剪叶应掌握在烟苗5片真叶（烟苗竖膀封盘）时开始，在距生长点4cm以上位置，视烟苗的大小和长势而定，一般修剪3~4次为宜。剪叶时间最好在晴天下午或叶片干燥时，剪叶时操作人员和剪叶工具要严格消毒，每次剪叶后及时清理掉留在烟盘上的残屑。另外，对于发病或疑似感染苗床不剪叶，应及时拔掉染病烟苗，并进行药物防治。

不同剪叶次数对烟苗生长发育的影响见表3-4。

表3-4 不同剪叶次数对烟苗生长发育的影响

剪叶次数	根长（cm）	根鲜重（g）	根干重（g）	地上部分鲜重（g）	地上部分干重（g）
0	8.17	2.78	0.21	17.75	0.926
1	12.00	4.48	0.37	54.80	2.700
2	10.50	3.34	0.28	32.80	14.100
3	9.17	3.19	0.22	25.25	1.030

(四) 炼苗

烟苗5片真叶后应逐步进行炼苗。揭开苗棚薄膜（必须保留防虫网），增加光照时间，夜间开口通风尽量降温到15℃左右，使烟苗"风吹日晒"充分接触外界环境，若育苗后期气温较高，可考虑昼夜通风。水源便利的地区，移栽前7~10d排掉营养液，断水断肥。当烟苗萎蔫日落后不能恢复时喷水或者复水，使叶片挺直。如此反复，干湿交替使烟苗逐渐适应缺水环境，达到炼苗目的。

九、生理性病害

(一) 盐害

高温、低湿和过分的空气流动，都可促进基质表面水分的大量蒸发，导致苗穴上部肥料盐分的积累。盐分积累主要在基质上部1.3cm处,能造成烟苗死亡。出苗后到大十字期间,是易于发生盐害的阶段,由于出苗时间长,加之幼苗对养分吸收利用少,基质表面水分蒸发,使肥料易于富积到苗穴基质的上部。发生盐害的苗盘可见基质表面发白,有盐分析出,通过喷水淋溶,即可消除盐害。

(二) 冷害

寒流侵袭,棚温陡降,造成幼苗冷害。受冷害烟苗叶片变厚,边缘内卷或舌状伸展,舌状叶和芯叶上有白色或浅黄色斑块,严重时会出现烟苗畸形,导致育苗失败。症状较轻情况下,一般经过4~5d连续的回暖气温,烟苗可自行恢复正常生长。

(三) 热害

播种后温度尽量保持26~32℃,正在萌发和出苗的阶段棚内温度控制在23~28℃,小十字期后温度争取多在28℃左右,这些都是烟苗苗壮成长的关键。暖春季节的晴天中午,气温过高,若揭膜不及时,则出现热害,造成不出苗或者死苗。症状表现:仅在沿苗床周边出苗,中部大面积缺苗。烟苗5片真叶后,若棚内温度持续高于38℃,则烟苗叶片灼伤、变褐,甚至烟苗死亡。

(四) 微量元素缺乏或中毒症

营养液pH值过高,又遇低温,可能出现缺铁症,所以保持pH值在6.8以下。肥料中应使用螯合铁。如出现缺铁症,只要调整pH值,加入适量铁源(如$FeSO_4$或螯合铁),症状很快就消失。铵态氮肥施入过高,出现氨中毒,叶绿上卷,变厚,叶色深绿,后期叶缘枯焦。

十、病虫害防治

(一) 病毒病防治

大力推广绿色防控措施,重点防控对象为病毒病,关键措施为无毒苗生产。

1. 设施消毒

育苗前,使用无残留消毒剂,对所有育苗设施进行消毒,并设置消毒池,规格为200cm×200cm。可选用无残留消毒剂次氯酸、二氧化氯。可使用烟雾机对育苗大棚及育苗浮盘等育苗物资进行封闭消毒。

2. 育苗基质拌菌

采用组合多功能微生物菌剂在育苗基质装盘前进行基质拌菌。每 1 亩烟苗的育苗基质中拌多功能复合菌剂 100g，混合均匀后装盘播种。

3. 虫媒阻隔

育苗棚全程设置防虫网，要求达到 40 目以上。

4. 过程消毒

苗床操作之前，提前 1d 喷施抗病毒剂。剪叶实现剪叶消毒一体化，保证在剪叶过程中，剪叶器械的刀口上时刻保持抗病毒剂或消毒剂的存在。

5. 病毒检测

移栽前，用 TMV 快速检测试纸条进行检测，烟苗带毒率必须控制在 0.1% 以内，超过 0.1% 不能移栽。

（二）其他病害防治

猝倒病、黑胫病、立枯病是漂浮育苗生产中的主要病害，苗床卫生是苗床防病的主要措施，苗床经常通风排湿、加强光照是减少发病的重要条件。药剂防治可采用以下几种措施：烟苗 4~5 片叶开始用 1∶1∶200 波尔多液进行苗床喷洒，每次只能喷一遍，禁止重复喷洒，对烟苗具有好的保护作用。甲霜灵防治猝倒病，甲基托布津防治立枯病，甲霜灵防治黑胫病，均有较好的防治效果。

（三）虫害防治

为害漂浮育苗烟苗生产的害虫主要有蚜虫、蛞蝓、潜叶蝇等。可用相关杀虫剂防治。

十一、消除蓝绿藻

蓝绿藻虽然不是烟苗的侵染性病原物，但大量发生时将会覆盖盘面，影响出苗和根部的空气交换，严重时会造成缺苗死苗发生。控制蓝绿藻宜采用综合防治方法，具体做法有：

保证水源的洁净，并采用二氧化氯进行水体消毒。

在出苗达到 70% 以上时才开始施肥。

育苗池宽度与苗盘规格相适应，避免漂盘后水面裸露。

使用黑色的池膜。

避免使用较细的基质，装盘不可太紧实，降低盘面水分。

棚内高温时及时通风排湿，避免低温露滴危害盘面。

只要以上措施与方法到位，蓝绿藻发生轻微，一般不会造成大的危害。

十二、育苗后工作

烟苗移栽以后，尽快将苗盘、塑料薄膜等物资集中收回，用清水冲洗干净，妥善存放以备来年使用，漂浮盘应特别注意隔离鼠害，以防遭受啃咬损坏。

第四章 黑木耳种植技术

第一节 概　述

黑木耳为木耳目木耳科木耳属，是我国传统的食用菌。外形呈叶状或近杯状，边缘波状，薄，宽 2~6cm，厚 2mm 左右，以侧生的短柄或狭细的基部固着于基质上。初期为柔软的胶质，黏而富弹性，以后稍带软骨质，制干后剧烈收缩，变成为黑色硬而脆的角质至近革质。背面外面呈弧形，紫褐色至暗青灰色，疏生短茸毛。干燥后收缩为角质状，硬而脆性，背面暗灰色或灰白色；入水后膨胀，可恢复原状，柔软而半透明，表面附有滑润的黏液。质地柔软，味道鲜美，营养丰富。现代营养学家盛赞黑木耳为"素中之荤"，其营养价值可与动物性食物相媲美。

一、黑木耳种植历史、分布

（一）黑木耳种植历史

我国栽培黑木耳有着悠久的历史，据史料记载，至少有 800 年以上。在黑木耳栽培初期，一般采用老法栽培，主要是借助于黑木耳孢子的自然传播或是借助于老木耳的菌丝蔓延；另一种方法是利用碎木耳来接种。20 世纪 50 年代，经过科学家艰苦科研攻关培育出纯菌种，并在生产中实际应用，改变了长期以来半人工栽培黑木耳的状态，通过菌种在生产中的应用，不仅缩短了黑木耳的生长周期，而且产量、质量也有了显著提高。从 70 年代以来，国内又开展了袋料栽培黑木耳的研究，现在生产中广泛应用。黑木耳袋料栽培是利用玉米芯、稻草、木屑作为原料，用塑料袋、玻璃瓶等容器栽培黑木耳。

（二）黑木耳分布范围

由于黑木耳具有耐寒、对温度反应敏感的特性，在我国黑龙江、吉林、湖北、云南、四川、河南、贵州等多个省份都有人工栽培及天然的黑木耳生长。

二、黑木耳对环境条件要求

黑木耳在地理位置上分布较广，对环境适应能力较强，栽培面积较大，经济效益较高。黑木耳喜温喜湿，喜光并需有较好的通风条件，但也有耐旱和抗寒的特点。温度、水分、空气、光照和酸碱度等不同环境因子综合对木耳生长发育发生作用，这些条件相互联系而又相互制约。因此，在木耳栽培实践中，创造适宜于木耳生长发育所需要的综合环境条件，是获得木耳丰收的必要基础。

（一）温度

黑木耳生长的最适宜温度为 22～30℃，温度较低时，生长周期虽长，但菌丝生长健壮，形成的子实体色深肉厚，质量好；温度越高，其生长发育越快，造成菌丝徒长，纤细脆弱，易衰老，子实体色淡肉薄，质量次之。若在高温高湿的条件下，子实体易腐烂，出现"流耳"现象。

（二）水分

水分过少会影响菌丝对营养物质的吸收和利用，水分过多则会导致透气性不良，氧气不足时菌丝体生长发育会受到限制，严重会造成死亡。在栽培实践中，木耳对水分的要求是"干干湿湿，不断交替"，菌丝生长期，调节空气湿度，使其较干燥，提高基质透气度，促使菌丝体向深外蔓延，摄取养料；子实体形成阶段要湿，促使木耳耳芽形成数量较多，有利于子实体生长发育，保证优质高产。

（三）光照

木耳生长发育的不同阶段对光照有不同要求。在自然状况下，木耳孢子是在木耳皮内木质部中萌发生长，习惯性适应黑暗环境，因此菌体在完全黑暗的环境中很难形成，如果在木耳菌丝生长过程中给予光照，菌丝体就会聚集成褐色的胶状物，并分泌色素，由此可知，木耳子实体形成和发育，不仅需要大量的散射光，也需要一定的直射光，光线较充足时，子实体肉质肥厚色深鲜嫩苗壮，病虫害也少。但强烈的直射光会使水分蒸发快，子实体干缩，生长缓慢，抑制子实体发育，一般采取搭遮阴棚和增加喷水的办法。

(四) 酸碱度

培养基的酸碱度会影响菌丝体的生长，而菌丝生长过程中分泌的代谢产物也会影响培养基的酸碱度，从而抑制菌丝生长，喜欢酸性条件是木耳的生态特性，其菌丝体在 pH 值为 4~7 时正常生长，但以 pH 值为 5~5.6 最适合。

第二节　大棚栽培技术

采用塑料棚栽培黑木耳，较易控制温度、湿度和光照条件，能够有效防止低温、雨涝和干旱，与露天栽培相比较，延长了黑木耳的生长时间，提高了产量。管理时要注意温度、湿度的调节，保持良好的通风换气和光照条件。晴天光强温高时应加盖遮阴物，喷冷水降温；盛夏高温时应将棚四周的薄膜翻揭开，气温低时再放下来。

塑料大棚栽培黑木耳，一年两季，春季一般在 4 月下旬至 6 月上旬，秋季在 8 月下旬至 11 月上旬，生产周期为 60d 左右，具有产量稳定、木耳品质好、劳动强度低、栽培技术易学等优势。

一、木耳床的制作

耳床的制作分地上床和地下床两种。可根据实际情况去选择耳床，结合烤烟育苗棚的实际情况，我们采用地上耳床。做床时要顺坡做，但坡度不易太大，床面高于地面 10cm 左右，防止喷水时两侧的积水影响木耳的生长，床不易过宽，一般在 1.5m 左右，便于管理。

摆菌棒前为了防止杂菌的污染，在制作好的床面及周围应进行灭草、杀菌处理，在床面上灌足水并渗进后，铺上遮阳网喷施菌宝或甲基托布津，然后摆菌棒。摆棒时，间距 2~3cm，一般 8m×35m 的育苗大棚摆 6 000 棒左右。

二、菌棒划口

购买菌棒时，可以要求厂家进行划口，也可自行开口。菌丝发满菌袋后当室外气温达 15℃时，即可开口催耳。开口前，去掉菌袋的颈圈和棉塞，将塑料袋口内折后再卷到一起，再用 0.2% 高锰酸钾擦洗袋面，待药干后用刀片划口，刀片一定要消毒。划口呈"V"形为好，"V"形每边长 2~3cm。划口深度一般为 2~3cm，穴口数以 10~12 为宜，"品"字形排列，袋底划 2 个"X"形口，出耳时可将菌袋倒置。小口出耳可以提高商品性，用木板、铁条等固定 5~6 枚直径 4~5mm、高 5~7mm 的铁柱，表面要平，间距为 30mm。每袋排口为 50~60 个。这种方式耳根小，有利于保水和提高品质。

三、催耳

（一）直接催耳法

就是将菌棒直接摆放在床面上，直至采收不再移动菌棒。催耳期的管理也称子实体生长阶段的管理，从原基形成至子实体成熟采收，重点要做好温度、湿度、通风和适宜光照的管理，如果光照太强，可在大棚上覆盖遮阳网，但遮阳网遮盖时间根据出耳情况确定。管理要求：此时以保温保湿为主，在菌棒上面加盖草帘。棚内温度保持在 14~24℃，最好保持 10℃温差，温差越大越利于出耳。保持床面一定湿度，但湿度不宜过大，也不使床面和菌棒划口处干燥，棚内空气湿度一般在 75% 左右，最大不能超过 90%。湿度不够时，可用微喷轻轻地喷湿草帘，喷水时间不宜过长，菌棒湿而不干就可以了。注意通风换气，特别是气温较高时要加大通风量，以防杂菌滋生。温度较低时可覆膜增温，覆膜后要注意通风和降低湿度。一般经过 10~15d 的保湿和温差刺激，每个菌袋的开穴处即可整齐地形成耳基。

（二）集中催耳法

为避免棚外温度、湿度剧烈变化带来不利影响，菌袋划口后可在大棚中催芽。棚内易于调节温度和湿度，能够提供较为稳定的催芽环境，菌丝在其中愈合快、出芽齐。因此，棚内集中催芽比较适合春季温度低、风大干燥的地区。

棚内催芽要求棚内污染菌袋少，杂菌含量少，并且光照、通风条件好。催芽时，将划完口的菌袋松散地摆放在培养架上，划口后的菌袋中的菌丝体大量吸收氧气，新陈代谢速度加快，菌丝生长旺盛，袋温升高。为了避免高温烧菌，排放菌袋时袋与袋之间应留 2~3cm 的距离，以利于通风换气。如果室内温度过低，菌袋划口后先卧式堆码在地面上，一般堆 3~4 层，提高温度有利于划口处断裂菌丝的恢复，培养 4~5d 待菌丝封口后采取立式分散摆放，间距 2~3cm，如菌袋数量过多也可以双层立式摆放。其管理要点如下。

1. 温度

划口后 4~5d 是菌丝恢复生长的阶段，室内温度应控制在 22~24℃，以促进菌丝体的恢复。5d 左右菌丝封口后，可将室内温度控制在 20℃ 以下，并加大昼夜温差，白天温度高时适当降温。如果室内温度长时间过高，开门、开窗也降不下来，则不适合在室内催芽，应及时将菌袋转移到室外。

2. 湿度

通过地面洒水或使用加湿器等手段增加湿度。菌丝体恢复生长的阶段，划口处既不能风干也不能浇水，空气相对湿度控制在 70%~75%，之后逐渐提高室内空气湿度至80% 左右，可每天向地面洒水，向空间、四壁喷雾。菌丝愈合后有黑色耳线形成并封口后，可适当向菌袋喷雾增湿。

3. 光照

耳芽形成期间需要散射光，若光线不足影响原基的形成，会延迟出耳；但是较强的光线会引起菌袋周身出现原基，造成不定向出耳。如果大棚或室内光线过强，要适当遮挡门窗，或在菌袋上覆盖草帘、遮阳网等遮光。

4. 通风

室内空气新鲜可以促进菌丝的愈合和原基的分化，适当通风还可以调节室内的温度和湿度。室内温度、湿度过低时应以保温、保湿为主，少开门窗、减少通风；尤其是在划口后的菌丝愈合期，应防止过大的对流风造成划口处菌丝吊干。

5. 分床

是将原来催芽时的 1 床菌袋分成 2 床菌袋进行出耳管理。一般要根据气温变化和菌袋耳芽形成情况来决定分床摆放的时间。当催芽结束，划口处耳牙已经隆起将划口处封住时，要及时分床，进行出耳阶段管理。若分床过晚，因催芽时菌袋摆放较密会导致相邻袋之间的耳芽相互粘连，菌袋再分开时会使一部分耳芽被粘到另一个菌袋耳芽上，这不仅会使丢失耳芽的菌袋出现缺芽孔，还会使粘连菌袋也带来病害，所以观察耳芽隆起接近 1cm 时就要及时分床进行出耳管理。

四、出耳期管理

从原基形成至子实体成熟采收重点要做好温度、湿度、通风和适宜光照的管理，如果光照太强，可在大棚上覆盖遮阳网。

（一）出耳环境的控制

1. 保持湿度

出耳期间，应以增湿为主，协调温度、湿度、光照等因素。尤其在实体分化期需水量较多，更应注意。菌袋划口后，喷大水 1 次，使菌袋淋湿、地面湿透、空气相对湿度保持在 90% 左右，以促进原基的形成和分化。整个出耳阶段，空气相对湿度都要保持在 80% 以上，如湿度不足，则干缩部位的菌丝易老化衰退。尤其是在出耳芽之后，耳芽裸露在空气中，这时空气中的相对湿度若低于 90%，则耳芽易失水僵化，影响耳片分化。

2. 控制温度

出耳阶段的温度以 22~24℃ 为宜，最低不低于 15℃，最高不超过 27℃。温度过低或过高都会影响耳片的生长，降低产量和质量。尤其在高温、高湿和通气条件不好时，极易引起霉菌污染和烂耳。

3. 增加光照

黑木耳在出耳阶段需要有足够的散射光和一定的直射光。增加光照度和延长光照时间能加强耳片的蒸腾作用，促进其新陈代谢活动，从而使耳片变得肥厚、色泽黑、品质好。

（二）出耳阶段的管理

1. 耳基形成期

指在划口处出现子实体原基，逐渐长大直到原基封住划口线，"V" 形口两边即将连在一起的时期。这段时期一般为 7~10d，要求温度在 10~25℃，空气相对湿度在 80% 左右，可往草帘上喷雾状水来调节湿度。

2. 子实体分化期

5~7d 后，原基形成珊瑚状并长至核桃大时，上面开始伸展小耳片，这个阶段要求湿度控制在 80%~90%，保持木耳原基表面不干燥即可。这段时间温度控制在 10~25℃，还要创造冷冷热热变化的温差，及时流通空气，有利于子实体的分化。

3. 子实体生长期

待耳片展开到 1cm 左右时，便进入了子实体生长期。这段时期要加大湿度和加大通风。浇水时可用喷水带直接向木耳喷水，让耳片充分展开。过几天要停止浇水，让空气湿度下降，耳片干燥，使菌丝向袋内培养料深处生长，吸收和积累更多的养分。然后再恢复浇水，加大湿度，使耳片展开。这个阶段的水分管理十分重要，要做到"干干湿湿、干湿交替、干就干透、湿就湿透、干湿分明"。干料 3~4d，干得比较透，目的是让胶质状的子实体停止生长，让耗费了一定营养的菌丝休养生息，再供应子实体生长所需营养。干是为了更好地生长，但它的表现形式是"停"，干要和子实体生长的"停"相统一；湿要把水浇足，细水勤浇，浇 3~4d，其目的就是促进子实体生长，3d 就可成耳。只有这样可以"干长菌丝，湿长木耳"，增强菌丝向耳片供应营养的后劲。

干燥和浇水时间不是绝对的，应"看耳管理"，要根据天气等实际情况灵活掌握。加强通风可以在夜间全部打开草帘子，让木耳充分呼吸新鲜空气。白天的气温如果高于 25℃，就要采取遮阴的办法降温，避免高温高湿条件下出现流耳或受到杂菌污染。子实体生长期为 10~20d。子实体生长阶段需要足够的散射光或一定的直射光。可以在傍晚适当晚一些遮盖草帘或早晨时早一些打开草帘来满足木耳对光线的要求，从而使耳片肥厚、色泽黑亮、品质提高。

4. 成熟期

当耳片展开，边缘由硬变软，耳根收缩，出现白色状物时，说明耳片成熟。在耳片即将成熟阶段，要严防过湿，并加强通风，防止霉菌或细菌侵染造成流耳。

五、管理过程中注意问题

（一）转茬出耳困难或不出耳

1. 菌袋失水

第一次采收耳片后，菌棒内水分含量较低，如果在第一次采收时水分管理不善，采收后，则因水分不能维持菌丝自身需要，无法为子实体输入有效水分，会造成二次出耳困难或不出耳。

2. 采耳不及时

当木耳达到采收标准时，应及时采收。但是，为了多采木耳，无限度地拖延采收时间，会造成子实体过熟，营养消耗过多，产量降低，造成烂耳并引起杂菌的感染。

3. 伤口暴晒

采收结束后使伤口处于阳光的暴晒下，造成菌棒内水分蒸发严重，表面菌丝发干，出耳困难。

4. 环境受到污染

第一次采耳结束后，不及时清理耳根会造成剩余的残根霉变，或是采收时掉下的基质碎屑、碎片、草帘残留物等随着湿度加大，造成霉烂，引起杂菌污染菌棒，影响菌丝体。

5. 温度影响

第一次采收结束后，环境温度日渐升高会抑制菌丝体的生长，影响二次出耳。

（二）转茬耳杂菌污染

黑木耳在正常生长条件下能采收 3 次，但是第一次采收后管理不到位，会造成菌袋杂菌的污染影响二次出耳。

1. 暑期高温

菌丝生长阶段的温度为 4~32℃，如袋内温度超过 35℃，菌丝就会死亡，并逐步变软、吐黄水，采耳处首先感染杂菌。

2. 采耳过晚

要当朵片充分展开，边缘变薄起皱，耳根收缩时采收。这时采收的黑木耳弹性强、营养未流失，质量最好。

3. 上茬耳根或床面没有清理干净

残留耳根因伤口外露而易感染杂菌。采耳时掀开草帘，阳光照射进去，使得子实体水分下降、适度收缩，采收时不易破碎，利于连根拔下。

4. 菌丝体面没有愈合

采收时要求连根扣下并带出培养基，菌丝体产生了新断面，在未恢复时，抗杂能力差，这时浇水催耳，容易产生杂菌的感染。

5. 消毒草帘

草帘霉烂易传播霉菌，草帘要定期消毒。

6. 采耳后菌袋未经过光照干燥，草帘或床面湿度大

二茬耳还未形成前，菌丝体有个愈合断面、休养生息、高温低湿的阶段。如果此时草帘或床面湿度大，又紧盖畦床，菌袋潮湿不见光，就很容易产生杂菌感染。采耳后菌袋要晒 3~5h，使采耳处干燥；床面和草帘应彻底暴晒，晒完的菌袋用晒干的草帘盖上，养菌 7~10d。

7. 浇水过早过勤

在二茬耳还未形成和封住原采耳处断面时，就过早浇水。

六、主要病害的防治

（一）流耳

耳片成熟后，耳片变软，耳片甚至耳根自溶腐烂。流耳是细胞破裂的一种生理障

碍现象，黑木耳在接近成熟时期，不断产生担孢子，消耗了子实体的营养物质，使子实体趋于老化，此时在高湿环境中极易腐烂。

1. 发生原因

耳片成熟时，如果此时持续高温、高湿、光照差、通风不良，就会造成大面积烂耳。袋料培养黑木耳，培养料过湿，酸碱度过高或过低，均可能造成流耳；温度较高时，特别是在湿度较大，光照和通风条件又比较差的环境中，子实体常常发生溃烂，细菌的感染和害虫的危害也会造成流耳。

2. 防治方法

加强栽培管理，注意通风换气、光照等，及时采收，耳片接近成熟或已经成熟时立即采收。

（二）绿藻病

1. 症状

菌袋内表层有绿色青苔状物，严重时木耳子实体上也有，它会吸收菌袋营养，造成袋内积水严重，导致烂袋现象发生。

2. 发生原因

水源有绿藻污染，装袋过松，浇水时长时间有积水，通过阳光直射产生绿藻；浇水过多，造成袋内积水。

3. 防治方法

采用洁净水源，提高袋装质量，不在袋料分离处划口，防止袋内积水，有积水时及时清理。

（三）红眼病

1. 症状

打眼后 5~10d，打眼处有红褐色的黏液自口溢出，同时大面积滋生绿霉菌。

2. 发生原因

通风不良、菌袋密集，导致高温。袋内温度高，集聚水蒸气，菌丝死亡，因菌丝死亡出现袋口流红水。

3. 防治方法

打孔后观察袋内温度，必要时通风降温。

（四）牛皮菌

1. 症状

菌棒表面生成白色肉质形状的杂菌，开始柔软如同脱毛牛皮，成熟后表面生成麻子状态的表面，也叫"白霉菌"，这种杂菌传染力很强，与绿霉菌差不多。因为它的菌丝体在培养料内部，一旦出现坏袋，很快就会波及其他菌袋。

2. 发生原因

该杂菌污染的原因主要是木屑没有提前预湿，灭菌不彻底，或环境中存在杂菌孢子。

3. 防治方法

环境消毒，用消毒粉环境消毒，或用 pH 值为 12~14 的石灰水进行喷雾消毒；在污染原料中添加新鲜原料，应提前 1d 拌料，补足水分后再装袋，并彻底灭菌。

第三节 采收与晾晒

一、黑木耳采收

黑木耳从分床到成熟，需要 30~40d。黑木耳达到生理成熟后耳片就不再生长了，此时要及时采收。如果不及时采收，造成耳片一部分营养物质流失，耳片就会变薄、色泽变差，单耳重量减轻；当遇到阴雨天时还会出现流耳现象，会影响木耳的产值效益。

（一）黑木耳采收标准

正在生长的子实体呈现褐色，耳片向内卷曲，耳片富有弹性。随着生长耳片逐渐向外延伸，当黑木耳耳片充分展开，耳片边缘处变薄、变软，耳片色泽转淡，耳根收缩耳片见白色，肉质肥软，表明耳片已经接近成熟或成熟。耳片不要等到完全成熟采收，最好的采收时机是耳片长至八九成时采收，此时采收的耳片肉厚、色泽鲜亮、产量高。

（二）黑木耳采收方法

采收前 1~2d 停止喷灌，并加强耳床的通风，使阳光直接照射在耳棒和耳片，待耳片收缩并开始发干时采收。采收时一定要注意天气变化，最好在晴天的上午进行采收。采收时要在地面上放一个塑料水桶或其他容器，容器不要太大，以防挤压木耳，建议不要使用编制的篮子，防止划伤木耳，影响木耳的质量。采收时用纸刀沿袋壁耳基削平，整朵割下，不留耳根，防止放生霉烂，影响二次出耳。采耳时可以用手轻轻地压住菌袋将耳片一次性采下，然后把耳根削掉。在采收时要注意，一定使用洁净卫生的容器，采收的木耳不带杂质，防止木耳受到污染。如发现耳片上带有杂质，可在清水中漂洗干净，再进行晾晒。但是经过水洗的木耳不仅不易晒干，而且影响木耳的质量，因此，除非杂物很多，否则尽量不要用水清洗。

（三）黑木耳采收原则

采收时，首先将大耳片采下，尽量做到分批采收，采大留小，对小的耳片等成熟时再进行采收。分批采收可使木耳大小均匀、品质好，便于节省晾晒时间和空间。

（四）黑木耳采后菌棒的管理

在木耳生长正常情况下，一般可采收 3 次，第一次采收的产量最高，一般占总产量的 70% 左右，第二次一般占总产量 20% 左右，最后一次采收的产量最低，一般在总产量的 10% 左右。采收后管理要点：一是采收后，让阳光照射菌棒 1~2h，使采耳处干燥，防止杂菌产生，以利于二茬耳再生；二是采收结束后要及时对耳床进行清理，并对耳床进行全面消毒，清理耳根和表层老化菌丝，促进新菌丝再生；三是再把草帘盖好，停水 5~7d，促使菌丝休养生息，恢复生长。等到耳片长出后，再按照前茬耳管理方法进行日常管理。

二、黑木耳晾晒

黑木耳的晾晒是生产过程的最后一关，应选择光线强、通风好、清洁的地方。采用网状物离地晾晒，利于上下通风。晾晒时不能翻动过勤，以免耳片卷起。一般情况，大半干后再翻动 1~2 次，直到晒干为止。

（一）晾晒架的制作

晾晒架一般由木质架子或竹竿搭成，在架面上铺设纱网，然后把采收的鲜木耳均匀地放在上面晾晒。架高、架宽不易过高和过宽，过高或过宽不易于操作，一般架高为 80~100cm，宽 1.5~2m，在架子上方用竹片扎成拱形棚，在架一侧放置塑料膜，便于阴雨天覆盖。铺设纱网的优点是便于通风，晴天时晾晒快；阴天时，由于纱网通风好，不会造成木耳腐烂；连续阴雨天时，把架一侧的塑料膜覆盖遮雨，里面照样通风、透气，利于木耳的干燥。

（二）晾晒

晾晒会影响到木耳产品的外观质量，因此，要把采收的鲜木耳均匀地摊放在晾晒架纱网上，依靠自然日光晾晒，在干至成型时尽量不要翻动木耳，以免造成木耳的破碎，影响木耳的质量和品质。一般木耳的晾晒时间根据鲜木耳的品质确定，一般需要2~4d；如果耳片厚晾晒时间较长，如果木耳较薄，晾晒时间会短一些。

（三）晾晒后木耳保管

对晒干后木耳要及时装袋并置放于低温干燥处保管，干燥的木耳比较脆易碎，易吸收自然水分和被蛀虫害食造成损失，所以，要装在塑料袋内并密封，存放在干燥、通风、洁净的地方。

第五章 羊肚菌种植技术

第一节 概　述

羊肚菌属羊肚菌科羊肚菌属，又名阳雀菌、羊肚蘑，因其子实体菌盖具有皱似羊肚的不规则凹凸褶而得名。羊肚菌子实体较小至中等，6~14.5cm，菌盖不规则圆形，长圆形，长4~6cm，宽4~6cm。表面形成许多凹坑，似羊肚状，淡黄褐色，柄白色，长5~7cm，宽2~2.5cm，有浅纵沟，基部稍膨大，野生生长于阔叶林地上及道路旁，单生或群生。

羊肚菌含抑制肿瘤的多糖及抗菌、抗病毒的活性成分，具有增强机体免疫力、抗疲劳、抗病毒、抑制肿瘤等多种治疗保健作用。羊肚菌所含丰富的硒元素是人体红细胞谷胱甘肽过氧化酶的组成成分，可运输大量氧分子来抑制恶性肿瘤，使癌细胞失活；同时能增强维生素E的抗氧化作用。

第二节 栽培技术

一、栽培时间

主要由当地气候条件和设施类型决定，只要气温在8~20℃就可以进行栽培。羊肚菌栽培时间的确定要遵循两个原则：一是温度限制，地温在20℃以下才能进行播种，否则易产生杂菌污染；二是有效发菌时间，是指气温在5~20℃的时间应该满足40~60d。羊肚菌属低温型真菌，子实体形成需要较低的气温（4~16℃）和较大的昼夜温差。大棚栽培一般在9月底至10月初播种，3月中下旬至4月下旬出菇；日光温室栽培一般在10月下旬至11月初播种，12月至翌年3月出菇。

二、栽培方法

(一)菌种制备

菌种分为母种、原种、栽培种 3 级菌种。母种的最佳生长周期为 7～14d，原种、栽培种生长周期大约 20d。按照生产计划确定母种、原种、栽培种的生产日期、生产量及其他所需的原辅材料。

(二)栽培种制作

培养料以杂木屑、棉籽壳、玉米芯、菌糠、草木灰等为主。杂木屑以杨树、柳树、榆树、榕树等阔叶树木屑为宜，要求新鲜干燥，直径为 1～2mm。培养料使用前进行灭菌或发酵，效果更好。

较适宜的几种栽培种培养基配方如下：

木屑 75%、麸皮 20%、过磷酸钙 1%、石膏 1%、腐殖土 3%。

棉籽壳 75%、麸皮 20%、石膏 1%、石灰 1%、腐殖土 3%。

玉米芯 40%（粉碎）、木屑 20%、豆壳 15%、麸皮 20%、过磷酸钙 1%、石膏 1%、糖 1%、草木灰 2%。

农作物秸秆粉 74.5%、麸皮 20%、过磷酸钙 1%、石膏 1%、石灰 0.5%、腐殖土 3%。

以上配方，料水比 1：1.3，培养基含水量 60% 左右为宜。多采用 17cm×35cm 聚丙烯或高密度聚乙烯塑料袋装料，每袋装干料 500g，进行高压灭菌或常压灭菌，冷凉后即可接入菌种。采用两头接种法，封好袋口，置于 22～25℃ 下培养 30d 左右，菌丝可长满袋。菌丝满袋后 5～6d，即可进行栽培。

(三)选地及整地

1. 选地

地势平坦、交通便利、水源方便、土质疏松、透气性好、利水、不易板结的田地较为适宜羊肚菌生长。溶氧性较差的黏性土可适当提高含沙量，沙壤土则可适当添加腐殖质土。土壤中沙的含量以 20% 左右为宜，含沙量太低土壤易板结，透气性差；土壤含沙量太高，其保水性差。林地选择的原则除了同田地选地一样外，还要求林地规整、树木纵横间距规整，以便于操作。

2. 整地

在播种前 10d 左右，将清理干净的土地进行一次大水浇灌，使土壤含水量达到饱和状态，待到土壤稍干后，施撒生石灰 750~1 500kg/hm²，用于调节 pH 值，杀灭土壤中的杂菌、害虫。开沟，沟深 25~30cm，沟宽 0.8~1.5m，沟间距 20~30cm。考虑土壤的差异，pH 值应控制在 7.0~7.5。

（四）发菌管理

1. 温度管理

羊肚菌菌丝适宜的生长温度是 16~18℃，温度越高菌丝生长速度越快，但超过 25℃，菌丝长速过快，营养供给跟不上菌丝生长的需求，菌丝纤细无力。因此，无论是菌种培养还是出菇，都要避免温度过高。同样温度低于 10℃时，菌丝长速明显降低。

2. 湿度管理

包括土壤含水量和空气相对湿度。土壤的含水量和透气性相关，菌丝的生长需要一定的水分，同时土壤含水量高，通气性差，氧含量降低，影响菌丝生长发育。大田栽培羊肚菌，土壤含水量应控制在 15%~25%；原基发育阶段需要大水刺激，控制土壤含水量 20%~30%；子实体发育阶段，要消耗大量的氧气，应适当降低土壤含水量至 18%~25%。棚内的空气相对湿度以保持在 55%~60% 为宜。冬季结束进入春季，地温逐渐回升至 6~10℃，要提高空气相对湿度至 85%~95%，土壤含水量 20~30%。通常情况下，播种环节的土壤含水量合适的话，使用地膜技术，在补料之前无需补水。补料时补水，可以沿着厢间沟灌水，水高度达到沟深 2/3 即可，避免淹过菌床表面；也可以通过微喷或微灌设施，直接在沟内或厢面上喷水，不必掀开地膜，水分会沿着地膜下土壤渗透至整个厢面，简单易行。使用地膜可以有效地抵御连续阴雨天气，做好田间的排水渠，及时排走积水。同时加强棚的通风，降低空气相对湿度。

3. 除草

发菌期间要随时留意杂草，在播种后 3~4 周，待杂草长齐后，将杂草清除干净，保证在羊肚菌原基分化前半个月棚内无杂草，羊肚菌原基分化后再除草将会损伤幼蕾。大田栽培羊肚菌，如果杂草在出菇期间大量发生，杂草将与羊肚菌争光照，不利羊肚菌正常生长发育，畸形菇多，严重影响羊肚菌产量和品质。

4. 补料

补料又称放置外援营养袋，一般在播种后 7~20d，菌丝长满厢面，形成大量菌霜时进行。

（五）后期管理

1. 搭棚灌溉

羊肚菌的生长对散射光的强度是有比较严格的要求的，不同气候地区、不同海拔高度，所选择的遮阳网的透光强度是不同的。一般选用3~4针的遮阳网，海拔较高的地方用更密一些的遮阳网。

翌年开春，平均气温回升到3~5℃时，进行灌溉。一种方法是用竹片、钢架、铁丝等作支架，搭高约30cm的小拱棚；覆膜后把4针遮阳网搭在小拱棚上，进行渗灌。另一种方法是在种植之前搭好遮阳棚。可以使用竹竿、树木搭简易棚，也可以使用钢管大棚，总体要求是，棚的高度应不低于1.8m，棚的宽度不超过12m，长度可灵活决定。遮阳棚要能抗风和一定的抗雪压的能力。对于有些较小且不规则的地块，可搭建整体的联棚，架设灌溉设施进行微喷。

在羊肚菌整个生长期间，保持土壤的湿润是一项极其重要的工作。必须在种植之前充分考虑保湿的方案。小面积的种植，喷水比较容易实现，但规模化种植要实现及时喷水，必须使用高效的喷水设施，例如微喷系统等。

2. 摆放营养袋增补养分

播种后20~30d，菌丝已经长至土面，且畦面布满霜白色分生孢子时摆放营养袋，以补充营养，加速菌丝生理成熟。

营养袋可选用15cm×（30~33）cm塑料袋，每袋装干料250~300g；或用12cm×24cm塑料袋，每袋装干料150~180g。其中的培养料配方：麦粒70%，杂木屑20%，谷壳9%，碳酸钙1%；或用麦麸50%，谷壳49%，石灰粉1%。装袋后进行高压或常压灭菌，冷却后搬入菇棚，在袋子的一面打孔（10~20个）或划破袋膜，将破面朝下摆放在畦床上；或将袋口薄膜剪去，口朝下立放。每亩摆放1 500~2 200袋。营养袋摆放后，畦面上的菌丝慢慢长进营养袋内生长并吸收养分，向土层内的菌丝传送，加速生长发育。

3. 催菇

调节营养、水分、湿度、温度、光线等条件，使羊肚菌由营养生长进入生殖生长。撤掉外援营养袋，进行2~3次大水漫灌。之后搭小拱棚并喷灌，使空气湿度保持在85%~95%。白天封闭棚增温，确保地温达到出菇所需的临界温度8~12℃，至少保持4~5d，晚间掀开棚通风降温拉大温差，刺激出菇。光照刺激，采用地膜技术，前期菌丝处于黑暗环境，揭膜后，暴露在一定强度的光照下，促菌丝分化形成原基。

4. 出菇管理

（1）催蕾期管理 土壤表面温度为15~20℃，土壤表面以下2~3cm处温度为10~

16℃；土壤含水量达到 28%～33% 时，每 3～5d 浇一次雾状水，保持土壤表面湿润即可，空气相对湿度要保持在 85%～95%；保持一定散射光照射；定时通风换气，确保氧气的正常供应。

（2）子囊果形成后的管理 羊肚菌从针状原基形成到采收需要 15～20d 的时间，此阶段的气温应控制在 16～20℃，土壤温度控制在 12～16℃；土壤含水量控制在 26%～30% 为宜；空气相对湿度在 85%～95%。在适宜的光照强度下，每 24h 照射时间在 16～18h。

（六）病虫害防治

1. 病害

（1）真菌病害 羊肚菌子囊果发生季节，如遇高温高湿天气，很容易爆发霉菌病害。若防控不当，将造成大面积爆发，损失严重。病害特征：子囊果表面发霉，白色气生菌丝旺盛，致使菇体腐烂、死亡或畸形，严重影响品质。研究表明，羊肚菌子囊果内存在着包括镰刀菌在内的大量内生真菌。环境适宜的时候，这些内生真菌极有可能爆发造成为害。除此之外，目前没有关于羊肚菌真菌感染或病害的研究报道，也未有确切防治办法，一般以防控为主：一是播种前田地进行 1 周以上的暴晒；二是避免出菇时节长时间高温高湿，以加强通风、降湿、降温来防控病害发生；三是在播种补料环节，如遇高温，菇床会有不同程度的霉菌发生，可以就地喷洒生石灰并掩埋；四是镰刀菌使用硫酸铜进行防控。

（2）细菌性病害 细菌病害多发生在出菇环节，如真菌病害一样，常伴随着高温高湿天气爆发，表现为菌柄变红、腐烂、发臭。

（3）盘菌 又名粪碗菌、地木耳等，羊肚菌出菇前一周左右常伴随着残波盘菌、林地盘菌、泡质盘菌的发生，这些盘菌又常被统称为"粪碗"，可以作为羊肚菌出菇的一个"标志物"，但过多的粪碗会和羊肚菌争夺营养，须及时摘除。防治措施：大田提前一个月左右进行翻土暴晒，并撒生石灰可有效防止盘菌的发生。当发现盘菌子囊果时，要及时摘除。

2. 虫害

（1）软体动物 包括蜗牛和蛞蝓等，其多生长在阴暗潮湿的草丛、落叶内或石块下，昼伏夜出，嚼食羊肚菌子囊果，为害严重。此类害虫的防控可以通过人工捕杀，加以清除。蛞蝓的防控还可以用药剂进行防治。

（2）白蚁 多发生在播种环节，白蚁直接啃食菌种，造成严重损失。白蚁为害多发生在林地、腐殖质落叶丰富的不动土田地，可以通过播种前暴晒田地进行防控。另外对新开垦的田地，在播种前，每亩按照 50~75kg 生石灰投放，可有效地减少白蚁侵害。

（3）老鼠　老鼠嚼食菌种和幼菇，可通过常规捕鼠或灭鼠手段防控。

（4）跳虫　羊肚菌栽培生产中，特别是当土壤内含糖分废弃物如玉米秆或土壤农业废弃物较肥沃时极易爆发跳虫为害，跳虫会在土壤缝隙内活动，嚼食羊肚菌菌丝；也会钻进外源营养袋中，在袋子内繁衍生息，造成菌丝破坏和营养流失。春季温暖湿润季节，大规模的跳虫也会嚼食子囊果，被咬食过的子囊果部位发育受阻，容易招致其他病害的发生。防控方法：播种前 1 个月左右，对田地进行翻耕，并按照每亩地 50~75kg 的生石灰使用量进行撒施，翻耕后经过暴晒，可有效地减少跳虫的为害；清除掉田间的农业废弃料，特别是玉米秸秆等含糖量丰富的杂物，减少滋生营养源；轮换作业，水稻田的灌水作业也可以有效杀灭跳虫及虫卵；跳虫严重的田地，可根据跳虫的喜水习性，在发生跳虫的地方用小盆盛清水，待跳虫跳入水中后再换水继续用水诱杀，连续几次，将会大大减少虫口密度。

（5）螨虫　螨虫个体非常小，大小只有 1~2mm，数量巨大。主要为害菌丝体，也咬食子实体。当螨虫大量发生时，可以使用杀螨剂处理畦面。

第三节　采收与加工

一、采收

羊肚菌分批成熟，需要分批采收。子实体出土后 7~10d，一般颜色由灰黑色变成浅灰色或浅黄褐色，菌盖表面蜂窝状凹陷伸展，八九成熟时即可采收。采摘时，右手用锋利的小刀在羊肚菌的左右两侧呈 45°斜向地面切割，左手戴手套后轻轻捏住菌盖，或用手捏住羊肚菌根部，轻轻转动即可采下，用竹片或小刀刮掉根部泥土，放在固定容器中。

二、加工

采摘回的鲜羊肚菌，需尽快销售，要么尽快放入保鲜库暂时保鲜，要么尽快烘干（也可以晒干，但晒的品质稍差）。

（一）修削分级

采收的羊肚菌应及时进行修削分级。用剪刀将菌根部的泥沙剥剪清理干净，将菌盖和菌柄的创伤、变色部位同时修剪整齐。修剪做到轻拿、轻剪、轻放，边修剪边分级，分级和修削一次完成；出口菇菇柄长度以 1.5cm 左右为宜。

（二）干制

晒干或烘干，干燥时注意不要弄破菌帽，保持其完整性。采用烘干机烘干时，应按以下方法进行：开始时，以30℃的温度，排气门全开排湿1.5~2h，然后以50℃的温度持续加热烘干。不同型号的烘干机，结构多有不同之处，烘干时应特别予以注意，以防烘糊，干品装入塑料袋密封，置于阴凉、干燥、通风处保藏。

第六章　平菇种植技术

第一节　概　述

　　平菇属担子菌门下伞菌目侧耳科，是一种常见的灰色食用菇。平菇含有抗肿瘤细胞的硒、多糖体等物质，对肿瘤细胞有很强的抑制作用，且具有免疫特性。平菇含有多种维生素及矿物质，包含多达18种的氨基酸。丰富的营养促使平菇产生了良好的药用价值，神经系统将得到有效调节，同时新陈代谢的能力也得到改善。故可作为体弱病人的营养品，对肝炎、慢性胃炎、胃和十二指肠溃疡、软骨病、高血压等都有良好的疗效。

　　平菇一年四季均能栽培，低温型品种最适宜温度为13～17℃，如冻菌等，中温型品种最适宜的温度为20～24℃，如凤尾菇、紫孢平菇等。平菇肉肥质嫩，味道鲜美，营养丰富，是广大消费者喜欢食用的一种常见菇类。平菇属腐生菌，生活力强，生产工艺较简单，出菇快、周期短，成本低、产量高、见效快，可周年生产。

　　我国木屑栽培平菇开始于1940年前后，但真正作为商品生产则开始于1970年。1972年河南省刘纯业用棉籽皮栽培平菇成功后，河南、河北、湖北等省逐步开始了大面积生产。并渐渐形成了我国南用稻草、北用棉籽皮种植平菇的种植局面，1995年我国平菇总产量达50万t。产区主要集中于河北、山东、湖北、河南、湖南、江苏等省，占全国平菇总产量的70%以上，平菇可以利用各种农作物秸秆进行栽培。

第二节　栽培技术

一、栽培时间

　　温度对平菇栽培的时间具有决定性影响，通常情况下，温度对平菇生长过程中的子实体形成期和菌丝体形成期都具有重要的影响，因此在对栽培季节进行确定的过程中，可以单纯从自然温度条件变化出发，同时也可以通过人为措施，创造温度条件进行平菇的栽培。通常情况下，每年的 8 月至翌年的 5 月都可以对平菇进行栽培。

二、栽培场所

在利用棚室进行平菇栽培的过程中，其内部必须拥有较强的通风能力，同时拥有干净和充足的散射光，尤为重要的是，棚室必须拥有保温保湿的功能。坐北朝南是构建床架过程中的主要朝向。

三、原料选择

在对平菇进行栽培的过程中，需要综合应用多种主要原料以及辅助材料，其中主要原料为棉籽壳、玉米芯、锯木屑、甘蔗渣和花生壳等；辅助材料包括石灰、麸皮、米糠、石膏等。

四、配料技术

利用烤烟育苗大棚栽培平菇采用玉米芯装袋进行立体栽培，平菇菌袋的培养料主料为粉碎成玉米粒大小的干玉米芯，辅料包括玉米面、石膏、过磷酸钙、尿素等。对于菌袋的选择可以选用长为 45~150cm、宽为 25~127cm、厚为 0.05mm 的聚乙烯薄膜筒作为菌袋。在菌袋两头的 15cm 处各打一个可以透气的气孔，以方便打开菌袋，也可以帮助平菇菌进行透气循环。平菇菌袋装袋时可以先把石膏、尿素、多菌灵全部溶解在水中，再用调配好的溶液和玉米芯小灰等进行搅拌，在进行菌料调配时把握好溶液和材料的配比，以将全部材料湿透为宜，然后使用薄膜进行覆盖，在秋季经过 2~13d 料堆温就可达 65℃，在此温度保持 24h 后翻堆，要求将表面料放入堆内，堆内料放在堆外部，以便发酵。在料堆上打孔，一般翻堆后第 2 天温度就可达 65℃，保持 24h，再翻 1 次堆，保持 24h，散堆降温后，料温降至 20~30℃时，可装菌袋。

五、装袋接种

在装袋时务必要注意保持周边环境的卫生，必须要用肥皂洗净手。将拌好的料用直径 18~22cm，长 40~50cm 的塑料袋装袋制棒。将菌种破碎成小块，先在塑料袋底放入一层料，培养料装入袋内 2cm 厚时加入菌种一层，装至袋内 1/2 时再加菌种约一把。如此反复装 3 层菌种 4 层料，每袋装干料 125~150kg，接菌种量 15%~20%。装好后，用小钉或牙签在菌块周围扎 5~8 个小孔，以利菌块透气。500kg 干料可装 400 个菌棒。菌棒重量约为 3kg，料袋装好后进行常压灭菌，当灭菌包充分鼓起后开始计时，灭菌12~18h，自然冷却后移至菇棚内准备接种。

接种前先清洁地面后用喷雾器在空气中喷 10% 的来苏尔消毒液，再将菌种、接种工具移入菇棚，密闭菇棚用烟雾剂消毒。接种时双手佩戴乳胶隔离手套操作，手套、刀片、接种勺、盛菌种不锈钢盆均用酒精擦拭，菌种袋快速在 3% 的高锰酸钾水溶液桶中浸过，高锰酸钾水溶液应随配随用。先按压菌种袋使菌种初步破碎后，用刀片划开菌种袋将菌种放入不锈钢盆中，用接种勺破碎成蚕豆粒大小，将菌种均匀撒于袋口，接种量要覆盖整个袋口，然后重新用塑料绳封口，之前扎好的通气孔正好覆盖在菌种处，利于菌丝萌发，这样既提高了接种效率又避免了发菌过程中袋内水分的损失。

装袋灭菌接种之后，料内会散发出一股酸臭味，影响菌丝生长，其发生原因及处理措施有以下三种。

培养料自身带有大量杂菌，特别是经过夏天雨季的陈料，在消毒灭菌不彻底的情况下，由于料内的各类霉菌大量滋生繁殖，使培养料酸败，从而产生一股难闻的酸臭味。预防措施：栽培前选用新鲜、干净、无霉变、无结块和无虫蛀的培养料，拌料前在阳光下将其阳光下暴晒 3~4d，以降低培养料内的杂菌基数。

拌料的水分过多，料内氧气供应不足，使嫌气细菌和酵母菌趁机繁殖，导致培养料腐烂变质；菌丝培养阶段，由于料袋堆叠，料温升高，使杂菌生长速度加快。预防措施：拌料时严格控制水分，棉籽壳和水的比例以 1:（13~14）为宜，其他作物秸秆与水的比例以 1:（15~16）为宜，水中加适量入 0.1%~0.2% 的多菌灵或甲基托布津等杀菌剂。

料内氮素营养过高，其与加入的石灰起化学反应，产生氨臭味。处理方法：培养料中氨气过重，可加入 2% 的明矾水除臭，也可喷洒 10% 的甲醛溶液除臭。如培养料腐烂发黑，则可作为农作物优质有机肥料使用。栽培场地若散发臭味时可用硫酸铁 5 份、硫酸氢钠 95 份研磨成粉在常温下充分搅拌后喷洒除臭。

六、发菌的温度控制

在菌袋转移至发菌棚前，可用石灰水全面喷洒一遍大棚以杀菌驱虫。接种后的菌袋套环向上竖直排列，摆放在地面上。这种单层摆放的方式，菌袋紧贴地面，利于在炎热的夏季进行控温发菌、避光发菌。接种 3d 后及时检查有无杂菌。大部分食用菌的菌丝生长温度都差不多，为 8~35℃（草菇除外），最适宜的发菌温度为 15~25℃。温度过低，菌丝停止生长；温度过高，则菌丝生长过快而变得细弱，抗性降低。在高温季节，各种杂菌极易繁殖，而且生长极快，从而形成杂菌污染，导致发菌失败，这正是在酷暑阶段大部分生产者不敢投产的主要原因。因此，在高温季节完成平菇的生产，发菌就成为最关键的环节，而最根本的原理则是如何有效地控制室温和菌袋的温度，具体而言就是如何有效地将室温控制在30℃以下，将菌袋温度控制在35℃以下。

七、码架阶段的栽培技术

在完成装袋工作后，就要根据季节不同和气候条件的差异，进行下一步的发菌工作，一般都是按照两到三层的摆放方式进行发菌，2d之后对菌袋进行检查，主要检查菌种的生长情况和袋内温度，然后把菌袋上下倒置，测量确认菌袋内温度是否超过25℃，如果超过25℃就会发生涨袋情况。保持大棚内空气新鲜，在外界温度和湿度达标的情况下多通风。将菌种生长良好的菌袋进行码架，每架菌袋可以码放10层左右，每层之间可以使用玉米秸秆或者竹竿分割开，每个架子之间需要留个70cm左右的空隙，以便于更好地通风。

八、栽培管理

生理成熟后的菌丝在菌袋中可以向栽培室转移，在床架中进行单层排列，严禁两袋间距离过近。当小菇蕾或原基产生在袋中以后，需要从两头将袋打开，并将袋口拉直。在这一过程中，应将水喷洒在墙壁和地面等空间中，促使栽培房中湿度可以始终保持在85%~90%，而15~18℃则是栽培时的适宜温度。需要注意的是，在进行栽培管理时，必须保证栽培时的有效通风，每天都必须进行2次通风，单次通风时间最短应为15min，最长可为30min。在菌盖形成后，菌柄会产生伸长加粗的现象，此时可以将少量雾状水喷向菌盖，并增加喷水量，在加强通风换气的过程中，可以采取勤喷、轻喷的方式。在生长到一周后，菇盖几乎全部展开，就可以进行采收。完成采收后，应及时对料面进行清理，此时不可继续喷水。

九、病虫害防治

（一）病害防治

1. 木霉

木霉又称绿霉，是为害平菇最严重的一种杂菌。菌种携带木霉或者接种操作不规范时，菌包极易感染木霉，并迅速波及培养料，形成厚厚的一层霉层，菇体被感染后，停止生长、软化、溃水，进而布满木霉菌丝。防治方法：保持制种发菌场所环境干净卫生，无废料和菌渣堆积；灭菌彻底，常压灭菌需 100℃保持 10h 以上，要防止中途降温和热循环不畅；配制培养料时，尽量不掺入糖，控制培养料内水分 60%~65%，大规模生产应在料内拌入菇丰 1 000~1 500 倍液，能有效控制发菌期污染；保证所用菌种纯度与活力；保证无菌操作，低温接种，恒温发菌；加强发菌期检查，发现污染袋及时清出。

2. 链孢霉

链孢霉是平菇高温季节栽培的首要竞争性杂菌，多数为橘红色、橘黄色或淡红色。在高温高湿季节内，生产菌袋如操作不慎，极易引发链孢霉感染。防治方法：重视菌种及发菌场所干燥清洁，一旦发现个别菌袋长出链孢霉，立即密封好放入锅炉内烧毁。其他防治措施参照木霉防治方法。

3. 黄斑病

黄斑病又名黄菇病，病原菌为伞菌假单孢杆菌。在栽培量大的菇棚内，经常有平菇在生长中出现黄斑或整朵菇黄化的现象，发病菇呈水渍状，但不发黏不腐烂，尤其是黑色平菇出现黄斑后严重影响商品价值。防治方法：一是根据季节选用适宜的品种；二是菇房内保持通风状态，适当降低菇房内空气相对湿度；三是发病后及时摘除病菇，停止浇水，喷施5%的石灰水可有效控制病害蔓延。

4. 软腐病

平菇发菌期，培养料受细菌侵染后，大量细菌在培养料内繁殖形成黄褐色或黑褐色的细菌体，使平菇菌丝生长受到抑制，产生腐烂现象。平菇子实体受侵染后，菇体呈水渍状，发黏，进而腐烂发臭。防治方法：一是使用洁净水拌料，控制发菌期培养料内水分；二是出菇期适当降低菇房内空气相对湿度，加强通风，防止浇水时出菇口积水；三是选用适宜季节的栽培品种，适温发菌，适温出菇；四是发病时停止喷水，加强通风，并在菌袋口喷施防治药剂能有效减轻症状。

（二）虫害防治

1. 菇蚊

体积小繁殖快，幼虫喜潮湿，有趋光性，喜群居。成虫产卵在培养料面上，孵出幼虫取食培养料，使培养料成黏湿状；幼虫取食菌丝，造成菌丝萎缩退化，菇蕾枯萎死亡；幼虫蛀食子实体，使子实体成孔状、腐烂。

2. 菇蝇

成虫喜生长在幼嫩菌丝的培养料上产卵。幼虫常集中在菇蕾附近取食菌丝，引起菌丝衰退而菇蕾萎缩。幼虫主要为害子实体，钻蛀幼菇基部，造成子实体变褐色，枯萎腐烂。子实体长大后受害，常因钻蛀造成孔洞而失去商品价值。

3. 瘿蚊

幼虫在培养料内直接取食菌丝及培养料的养分，使菌丝衰退。出菇后，幼虫取食子实体上菌皮，造成明显的伤痕及斑块。菌柄与菌盖的连接处、菇根上常聚集大量幼虫。子实体因带虫及虫伤使品质下降。

4. 螨类

包括红蜘蛛、菌虱。螨类非常小，初期常被忽视，一旦发生，为害严重。螨类主要是通过培养料带虫进入菇房，它可以吸附在昆虫体上，可以引起菌丝的枯萎、衰退，严重时吃尽菌丝体。菌丝体消失后，培养料变黑腐烂，则咬食菇蕾，引起菇蕾死亡。

5. 虫害防治方法

一是栽培场所要彻底消毒，各种培养料须选用新鲜、无霉变、无害虫的，受潮变质的不可使用；二是采用防虫网阻挡害虫的侵入；三是重视培养料的前处理，拌料时加入高效低毒杀虫剂，减少发菌期幼虫繁殖；四是采用物理方法，在菇房内悬挂灭虫灯、张贴黄色粘虫板等诱杀成虫，减少成虫数量；五是采用药剂防控，对症下药，如菇净、Bti（苏云金杆菌以色列变种）、甲维盐等高效低毒农药。

第三节　采　收

一、采收

当菌盖接近全部展开时，其颜色将产生一定程度的变化，首先浅灰色会逐渐取代原有的深灰色，最后向白色转变。在即将弹射孢子以前，应立即展开采收工作，采收的具体方法如下：将培养料用一只手按住，同时将菌柄用另一只手握住，轻轻地旋转将其扭掉；采收也可以用刀片进行，不管果实的大小，都必须一次性采摘完毕。采完一茬潮菇，随即清理料面一次，第一茬采收后停水 2~3d，再喷 1 次重水催蕾出菇，经 7~10d，即可采收第二茬菇，一般可采收 4~5 茬。高温平菇从播种到出菇，时间较快，正常管理，20 多天就可出菇，生物转化率可达 100%~130%。

二、注意事项

平菇的采摘是有时间限制的，最好是在平菇没有弹射孢子的时候采摘，此时平菇实体菌盖一般有手掌大小，此时采摘不管是从平菇的营养价值还是品相上来讲都是最佳的。平菇可以采摘好几茬，每采完一茬之后要对菌袋进行细心清理，主要清理在菌袋上残留的蘑菇，对菌袋进行精细的管理。

第七章　白菜种植技术

第一节　概　　述

　　白菜起源于我国，又称菘、牛肚菘、黄芽菜、结球大白菜等。白菜是十字花科芸薹属芸薹种白菜亚种的一个变种，以绿叶为产品的一二年生草本植物。白菜味道清鲜适口，营养价值较高，含蛋白质、脂肪、膳食纤维、钾、钠、钙、镁、铁、锰、锌、铜、磷、硒、胡萝卜素、尼克酸、维生素 B_1、维生素 B_2、维生素 C 等。白菜中有一些微量元素，它们能帮助分解同乳腺癌相联系的雌激素。古汉名考证据研究，白菜、小白菜和芜菁都是由油菜经人们的长久栽培演化而来的，古时"菘"是泛指白菜一类的蔬菜。《唐本草》中记有三种菘："有牛肚菘，叶最厚大，味甘；紫菘，叶薄细，味少苦；白菘似蔓菁也"。据宋时苏颂说："扬州一种菘，叶圆而大……食之有滓，绝胜他土者，此所谓白菜。"看来唐代已选育出白菘，宋代已正式称呼为白菜。唐朝《新修本草》中提到不结球的散叶大白菜，称为"牛肚菘"。明朝的《学圃杂疏》中有花心大白菜的记载，称为"黄芽菜"。清朝的《顺天府志》和《续菜谱》中才有结球大白菜的记载。

　　大白菜品种繁多，品种选择遵循的原则是高产、高抗、适应本地生态条件。早熟品种主要有北京小杂、喜春、强春、丰抗70、西白、鲁白、日本东津70笋白菜等。中晚熟品种主要有北京新三号、京秋3号、豫白2010等。

第二节　栽培技术

　　大白菜秋冬栽培是我国传统的栽培方式，各地无论播种时间如何不一致，有一点是共同的：即大白菜生育的前期均在温度较高的季节，而结球期均在较冷凉的季节。

这一栽培时机的安排，其环境条件非常适宜大白菜的需求；秋冬栽培大白菜的收获期一般在初冬或冬季较冷凉的季节；收获后气候渐冷，非常有利于贮藏。

一、栽培季节

绝大部分大白菜栽培的目的是贮藏于寒冬，以解决冬季蔬菜供应淡季问题。这一目的就要求大白菜的收获要尽量推迟至冻害来临之前。播种期可安排在当地-2℃以下寒流来临，上推至大白菜生育期的时间。在收获时，大白菜包心紧实，产量高，质量好，未受冻害，这样的播种期和栽培时间方为适宜。

大白菜的播种期各地应当根据当地的特点灵活地确定具体日期。第一，根据当年的天气预报。播种期当年的平均温度近于或低于常年时，可适当早播，否则应晚播几天。第二，抗病、生长期长的晚熟品种可适当早播，否则应适当晚播几天。第三，土壤肥沃，肥料充足，病原物又多的近郊菜田，应适当晚播；实行粮、菜轮作，土壤肥力较差，病原物又少的远郊菜田可适当早播。第四，育苗移栽时，秧苗有还苗期，应比直播的早播4~5d。第五，早熟栽培为了提前收获供应市场，一般可适当早播。上述提及的早播和晚播天数，是在正常播种期提前或推迟3~5d。

二、土壤选择及整地

大白菜需肥水较多，宜选用肥沃又保水保肥力较强的土壤。但是，土壤排水不良又容易导致发生软腐病。因此，最好选用肥沃的壤土、粉沙壤土或黏壤土。在沙性大的土壤中栽培大白菜，早期生长迅速，后期结球不良。在黏重的土壤中栽培大白菜，早期生长缓慢，后期结球良好，产量高，但叶球的含水量高，品质不良，而且病害较重。

大白菜的前茬若为小麦或玉米，地力虽稍差，但病虫害较轻。如果前茬是蔬菜，地力则较肥。需注意勿与甘蓝、萝卜等十字花科作物当年连作，以免造成病毒病等病害的严重发生和流行。同时，也应避免邻近田块种植十字花科作物。在前作腾茬后，应立即深翻土地。翻地后耙平，做畦或垄。垄作和高畦栽培便于排水，保持土壤疏松，植株根群发达，可减轻软腐病的为害。平畦则易于保持土壤墒度。在干旱地区宜用平畦，在多雨、地下水位较高、病害严重区宜用高畦或高垄栽培。

三、播种

直播有条播和穴播两种方法。条播是按行距划2~3cm的浅沟，将种子均匀地撒在沟里，并用细土覆盖。穴播是在行内按株距挖深 2~3cm 的穴，点播 2~3 粒种子后覆细土。要求播种深度均匀，覆土厚度一致，每亩用种量 150~200g。直播法保证苗全、苗壮的关键是土壤墒情。平畦播前应先浇水造墒，高垄应浇小水后再播种。天气干旱的年份，播种后要及时浇水润垄，保持垄面湿润。播后及出苗期勤浇小水还有降低地温，防止幼芽灼伤的作用。

选用适合本土地种植、病虫害少、品质好、嫩绿、产量高的抗病、高产、耐贮藏的品种。种好白菜要做好适量播种。播后要经常进行田间检查，确保穴穴全株，苗全苗壮。

四、育苗期的苗床管理

苗床宜选用地势较高、易灌能排、距栽培地近、前茬或邻近田不是十字花科蔬菜的地块。苗床地施足腐熟的有机肥，浅翻、耙平，做成平畦。可以用切块育苗、营养钵育苗、平畦育苗，出芽前午间覆盖遮阴，防止强烈日光暴晒；出芽后勿浇大水，防止土面板结。如果天气高温干旱，可采取浇小水或喷洒小水，以保持土壤湿润和降低土面温度。

间苗定植一般直播后 3d 出苗，7~8d 进行第一次间苗，苗距 6~7cm。4~5 片真叶时进行第二次间苗，苗距 10~12cm。团棵时根据不同品种，按一定株距定株或定植，并在苗期补栽，及时更换弱苗、病苗。

定苗后若田间幼苗生长不整齐，可对生长偏弱的小苗点浇 2~3 次尿素 200~300 倍液，促使弱苗快长。苗期中耕 1 次，并在苗周围培土。结合浇水分别施 1 次催苗肥和发棵肥，每次每亩施尿素 5~6kg。

五、移苗定植

育苗移栽时，苗龄不宜过大，一般以 15~20d 苗龄、幼苗有 5~6 片真叶时为移栽适宜期；苗龄过大，移栽后缓苗慢，延缓生长和结球。移栽最好在阴天下午进行，起苗时多带土少伤根系，移栽后立即浇水。

六、生长期管理

(一) 莲座期管理

大白菜从幼苗至莲座叶全部长成为莲座期。此期，白菜即要长成发达的叶丛，又要及时发生球叶。莲座叶不发达，制造养分不足，球叶就不可能充实，不能高产；如果莲座叶过度旺盛，又会延迟球叶的产生，同样也不能高产。因此，这一时期栽培措施的关键，是既要保证莲座叶的发达，同时又要防止过旺，保证及时充分地发生球叶。从幼苗期到莲座期的肥水管理有三种措施：一是"控制"为主，即少浇水施肥，抑制莲座叶过旺生长，促进叶球及时包心；二是"促、控结合"，即苗期适当多浇水、施肥，促进幼苗生长发育，莲座后期适当控制水肥，促进叶球及时包心；三是以"促"为主，水肥早攻，一促到底地多浇水、施肥，促进植株迅速生长发育。这三种措施各有其适宜的环境条件，宜灵活运用。

（二）结球期管理

大白菜自包心开始至叶球成熟，此期的生长量最大，因此，需配合进行大量的水分和养分的供应。结球前期莲座叶和外层球叶同时旺盛生长，需养分较多，所以在包心开始的前几天应足量追肥。该次追肥宜施用效力持久的有机肥料为主，以供整个结球期吸收利用。肥料用量应稍大些，可开沟沟施，或单株穴施。结球中期，内部叶子继续长大以充实叶球时，叶球的重量增加最大，应追施速效肥料。一般在包心后约 15d 追"补充肥"。结球期要大量浇水，每隔 5~6d 浇大水一次，保持土面湿润，见湿不见干，保证旺盛生长发育的需要。在收获前 5~8d 停止浇水，以免植株贪青，和减少叶球的含水量，提高耐贮藏性。

（三）束叶

结球大白菜在收获前 10~15d，将莲座叶扶起，抱住叶球，然后用草绳将菜叶牢牢束住。束叶以保护叶球，避免收获前叶球受冻害，也可减少收获时叶片的损伤。束叶还有软化叶球，改善品质的作用，而且便于收获、运输和贮藏。束叶后莲座的光合作用受到很大影响，过早束叶不利于养分的制造，不利于叶球的充实，更不能达到促进结球的目的。

七、病虫害防治

（一）病害防治

1. 猝倒病

猝倒病是一种因霉菌引起的严重病害，常见于各种蔬菜的幼苗上。一般情况下，在发病初期植株茎根部可见一些似水渍的斑点，然后随病情的发展恶化演变成线状，最后倒伏在地面上干枯死亡，严重影响其成长。防治措施：针对这种病害，应当在播种前对土壤进行翻新和晾晒，还要对白菜的种子进行药物消毒，或者在白菜发病后，及时喷洒农药进行治理。

2. 黑腐病

黑腐病是白菜的整个成长过程中比较常见的病虫害，因为其不仅发生在幼苗时期，还发生在即将成熟收获的植株上面。如果不及时进行控制，最后整棵白菜将会枯萎死亡。防治措施：与猝倒病的治理方法大同小异，也是需要同时对土壤和种子进行处理。此外还要注意科学施肥。

3. 白菜软腐病

白菜软腐病见于白菜的不同部位、不同时期，由小斑点状逐渐发展成油纸状直至最后软化、腐烂。此外，在白菜运输的过程中，如果运输储藏方式不合理也会发生软腐病。防治措施：该病害主要受季节、水分和生长地形的影响，常发生在北方降水量较大时期或者低洼地区，因此在种植白菜的过程中应当避免黏性强、湿性高的土壤。同样这种防治也分为预防和治理两个方面：充分对土壤以及种子进行消毒，若发病后及时清除出种植区，然后喷洒药剂防治。

4. 霜霉病

霜霉病为真菌性病害，从苗期到结球期均容易发病。苗期发病，子叶或嫩茎变黄枯死，真叶发病多始于下部叶背，初生水渍状淡黄色周缘不明显的斑，较长时间后病部长出白霜。在大白菜莲座期至包心期最易感病，初生水渍状淡黄色边缘不明显的斑，持续较长时间后，病部在湿度大或有露水时长出白霉或形成多角形病斑。发生严重时，病斑连片，病叶枯死。防治技术：播种时做好种子处理；药剂防治。

（二）虫害防治

白菜的虫害主要症状是菜蛾或者蚜虫群居在白菜的菜叶上啃食叶肉或吸食汁液，造成叶片干枯，最后死亡。防治措施：首先应当做好田间管理工作，及时清理杂草。然后选用以化学防治为主的综合防治措施，如果发现病虫需要及时喷药防治，喷药时主要喷在叶背和心叶部分。

第三节　采收与贮藏

白菜砍倒后，要在田间晾晒 1~2d，使外叶失去一部分水分，组织变软，以减少机械伤害，提高细胞液浓度使冰点下降，提高抗寒能力；同时还能缩小体积以提高库容量。一般晾晒至菜棵直立，外叶垂而不折的程度即可，晾晒失水在5%左右适宜。晾晒要适度，否则失水过多，组织萎蔫，会破坏正常代谢，加强水解作用，降低大白菜的贮藏性和抗病性，并促进离层活动而导致脱帮。在气候干燥地区，若菜窖通风良好，采用架式贮藏，可不晾菜。

经晾晒的大白菜运至菜窖近旁，摘除黄帮烂叶，但切勿过度清理，不黄不烂的叶片要尽量保留以护叶球，进行分级挑选，以便管理。整理结束后如果气温尚高，应将晒好的菜在窖外进行预贮，方法：将大白菜的根朝里，叶朝外，堆码成不超过1m高的空心垛，以后根据气候变化情况及时入窖。预贮期间要根据气候情况适当倒垛，注意防热、防雨和防冻。一旦受冻，必须"窖外冻、窖外化"，冻菜不能搬动、入窖，应增加保温措施，使菜体缓慢解冻，待化冻后入窖贮藏，否则腐烂严重。

大白菜喜冷凉和湿润的贮藏环境，其营养贮存器官叶球部分，是在冷凉湿润条件下形成的，因此贮藏时要求低温条件，温度以（0±1）℃为宜。大白菜在贮藏中易失水萎蔫，因此要求较高的湿度，相对湿度以90%~95%为宜。不同品种的耐贮性不同，大白菜按叶球形状可分为抱头型、圆筒型和花心型。抱头型白菜叶球坚实，顶部叶片包合紧密，耐贮藏。圆筒型白菜品质优良，生长势和抗病能力都很强，不仅耐贮藏，而且藏后品质更好。花心型白菜多数早熟，抗病力差，不耐贮藏。中、晚熟品种比早熟品种耐贮藏；青帮类型比白帮类型耐贮藏，青白帮类型介于二者之间。大白菜的耐贮性与叶球的成熟度有一定关系，"心口"过紧（充分成熟）不利于贮藏，以"八成心"为好，能延长贮藏期，减少损耗。长期贮藏，大白菜的损耗量一般高达30%~50%。其损耗来源主要是脱帮，其次是腐烂和自然失重。大白菜除采后装卸造成的损耗外，损耗大小与贮藏条件直接相关。高温低湿和高温高湿都能增大损耗，但损耗内容不同。

第八章　芹菜种植技术

第一节　概　述

　　芹菜，又称芹、旱芹、香芹等，伞形科芹属一二年生草本植物，含有丰富的营养物质。此外，芹菜中还含有一种黄酮类化合物——芹黄素。芹菜最早出现在地中海沿岸沼泽地带。芹菜主要食用肥厚的叶柄，叶片也可食用，食用方法多种多样，炒食、凉拌、腌渍均可，因口感好、清脆、营养价值高，深受人们的喜爱。芹菜具有一定的药用价值，其性凉，味甘辛，无毒，有清热、除烦等多种功效，榨汁、生食均可，具有一定的降压效果。芹菜叶中含有丰富的钾和维生素 P，维生素 P 可以降低毛细血管的通透性、增加血管弹性，具有降血压、防止毛细血管破裂等功效，对原发性、妊娠性及更年期高血压均有疗效。

　　我国芹菜栽培始于汉代，至今已有 2 000 多年的历史。芹菜是通过丝绸之路传入中国。起初只作为观赏栽培，后来才逐渐扩大栽培范围作为食用。并且经过不断变异和精心选育形成了具有中国特点的细长叶柄、高度可达 100cm 的芹菜，与国外宽叶柄短粗型的西芹形成两个鲜明的变种。

　　20 世纪 70 年代前我国芹菜多以露地栽培为主，在一些城市近郊为了保护露地安全越冬和翌春提早上市采用风障栽培和畦面冬季盖草粪。更为先进些的采用改良阳畦覆盖。秋季生产还可通过培土软化，收获后进行冬季贮藏一直供应到来年 3 月。70 年代以后，由于薄膜的广泛应用，使芹菜的栽培驶入发展的快车道。大棚芹菜、拱棚芹菜、温室芹菜像雨后春笋般地出现。尤其是日光温室芹菜种植面积的扩大，使过去冬季一向以冬贮芹菜为主的芹菜市场已被日光温室的鲜嫩芹菜所占领。淄博目前芹菜种植面积约 5 000 亩（1 亩≈667m²，15 亩＝1hm²，全书同），多以大棚种植为主。

第二节　栽培技术

一、选择地块

选择地势高平、排水方便，质地肥沃疏松，前茬非芹菜、香菜等伞形科植物的地块进行育苗。翻地后随即整平畦面，一般在播种前 1~2d 进行。通常每栽植一亩芹菜约需育苗面积 50m²。整地前先向育畦内施入充分腐熟的有机肥 500kg 左右、优质硫酸钾复合肥 2.5kg。耕翻耙细后做成宽 1.5m、长 35m 左右的畦。

二、整地施肥

芹菜根系浅、吸肥能力较弱，宜选择富含有机质、持水保肥力强的壤土或黏壤土。砂土等贫瘠地块养分低，易漏水漏肥、出现叶柄空心现象。适宜芹菜生长的土壤 pH 值为 6.0~7.6。夏、秋季育苗宜选择地势较高、排灌方便、防雨防涝、土质疏松、富含有机质的壤土作育苗地；早春育苗畦应选择避风且有阳光照射的地块，前茬最好没有种过芹菜。播前需耕翻地块，结合施肥，耕后细耙，再整平做畦。有些种植户存在生产误区，大量使用未经安全处理的畜禽粪便、土杂肥等，容易导致芹菜中重金属、硝酸盐等指标严重超标。因此，必须选择由正规企业生产的肥料，基肥选择经安全处理的优质有机肥、常用化肥、复合肥等，并深翻入土。

三、种子处理

夏、秋季清水浸种 12~24h 后，置于冷凉环境下催芽播种；早春育苗可用 30℃ 左右的温水浸泡 12h 后，搓洗种子 2~3 遍，再更换清水浸泡 12h，取出置于凉水中浸种 24h，浸种过程中反复搓揉几次，以利于快速吸收水分。将浸泡过的种子捞出，用清水洗净，沥干水分，使用纱布包裹，再覆盖湿毛巾，放在 15~20℃ 条件下催芽。当有 80% 左右的种子露白时即可播种。

四、培育壮苗

应选择通风透光、保肥保水、透气性好、便于灌排的田块作苗床，苗床应设在棚顶有塑料薄膜覆盖的大棚内。播种前，苗床要重施底肥，熟化培肥土壤，底肥以充分发酵腐熟有机肥为主，每 $10m^2$ 苗床施入腐熟圈肥 25kg、硫酸钾 2kg，深耕细耙，使土肥相融，然后筑畦宽 2m、畦高 0.25m，沟宽 0.3m、沟深 0.25m。播种前，苗床浇足水。

采用湿播法播种，每亩用种量 0.2kg 左右。为达到一播全苗的目的，畦面要一次性浇透底水，待水充分渗入土壤后再均匀撒播，播后覆盖 0.5cm 过筛干细土，然后覆盖遮阳网遮光降温。适时浇水，保持畦面湿润，直至出苗。

采用直播栽培的在子叶展开、真叶露出时进行第一次间苗；长到二叶一心时，结合中耕锄草再间苗一次，间去小苗、弱苗和病苗，苗距 2~3cm，保持土壤湿润；三四片真叶时及时定苗，苗间距（8~10）cm×10cm，保苗 124.5 万~142.5 万株/hm²。

五、定植后管理

芹菜苗生长到 5~6 片叶、西芹苗生长到 8~10 片叶时，即可定植。定植前浇水，以浇透苗床为宜，带土起苗，应尽量多带土以防伤根。夏季气温高、光照强时，定植时间应在阴天或晴天上午 10 时以前、下午 4 时以后，防止芹菜苗萎蔫。依据芹菜的栽培季节和不同品种，确定定植的株、行距，定植后应覆土压实浇水。

（一）温、湿度管理

芹菜植株的最适生长温度为 15~20℃，要通过浇水和调节放风量的大小来控制温度。这一阶段最高温度不超过 22℃；如果 5~10℃ 连续达 10d，很容易形成抽薹。芹菜的整个成株期需要较高的土壤湿度，地表要经常保持湿润。

（二）光照调节

芹菜是耐弱光的蔬菜作物。光照的长短对其营养生长影响不大，但是对生殖生长影响非常大，尤其是越冬栽培中，光照调节不好，会过早地发生抽薹现象，严重影响产量和品质。通过光照调节，可以避免或延迟抽薹，达到连续采收、获得高产的目的。

（三）遮阳

芹菜在夏季栽培时，宜覆盖遮阳网以降温保湿，有利于创造适宜的生长环境，减少纤维含量，改善品质。定植后，用遮阳网搭成拱棚或平棚，棚高 2~2.5m，上午 10 时至下午 3 时阳光照射不到芹菜为佳，夏季芹菜整个生长期都应进行遮光保护。覆盖遮阳网可降低光照强度，减少土壤水分的蒸发，有利于保湿防旱，也降低了暴雨对芹菜造成的机械损伤。

（四）水肥管理

定植后要看苗浇水。心叶长出之前，要保持地表见干见湿，缺水时要浅浇，促进缓苗。心叶长出之后，控制浇水，期间可以用铅丝耙轻划地表，代替中耕，阻断土壤毛细管，降低水分蒸发，促进根系生长。当心叶开始直立生长时，加强水分供应，经常保持地表湿润，并随水追施 1 次尿素，每亩施 15kg。进入心叶肥大期后，要加强钾肥的供应，亩施生物钾肥 10kg，同时混施硫酸铵 30kg。以后每采收 1 次就追 1 次肥，确保心叶再次快速肥大。

（五）养分管理

追肥一般以速效性氮肥为主、钾肥为辅，按少量多次的方式施用。幼苗成活后可用 0.01%~0.15% 尿素水追肥 1 次。当芹菜进入旺盛生长期，植株高达 15~20cm 时，需重点关注肥水管理。一般 7~10d 施复合肥或尿素 225~300kg/hm^2，随水追肥。生长后期施钾肥 150~180kg/hm^2。

（六）水分管理

植株成活前应经常浇水，尤其在高温、干旱的夏、秋季必须保持土壤湿润，应于早、晚各浇 1 次水，并用遮阳网覆盖。植株成活后为防止芹菜空心，坚持少量多次浇水。在营养生长后期应保持充足的水分供应，以提高芹菜的产量和品质；但水分不宜过多，遇雨要及时排水，防止烂根死苗。

（七）中耕除草

芹菜发育的早期与中期生长缓慢，此时田间比较容易滋生杂草，应结合追肥进行中耕除草。芹菜根系较浅，大多分布在 15cm 左右的表土层内，为避免伤根，中耕不宜过深，一般中耕 2~3 次。

六、病虫害防治

（一）农业防治

选用抗性品种，培育壮苗，加强栽培管理，科学施肥，改善和优化菜田生态系统，创造有利于芹菜生长发育的环境条件，提高芹菜抵抗病虫侵害的能力。

（二）物理防治

设施栽培的条件下，放风口铺设防虫网隔离，可有效减轻虫害发生；采用 30cm×20cm 黄板，将黄板悬挂于植株顶部或高出 5~10cm，悬挂密度为 450~600 块/hm²，可有效诱杀蚜虫。

（三）生物农药防治

选用苦皮藤素防治甜菜夜蛾；用苦参碱防治蚜虫等。

（四）化学药剂防治

依据田间病虫发生的实际情况，施用合适的化学药剂，坚决禁止使用国家规定在蔬菜上禁限用的化学农药，按照农药生产企业标注的使用说明，合理使用农药，严格按照农药生产企业推荐的安全间隔期采收，确保芹菜产品安全。

第三节　采收与贮藏

芹菜的采收期较长，农户可根据生长情况和市场需求，选择不同采收时期和采收方式。蔬菜价高紧缺时，芹菜可采用割收，即在芹菜长成后，用刀割取地上部分，割茬应避开根颈部上的生长点。割收后拔草，清理枯叶，浅松土。3~4d 植株伤口愈合，新芽长出 9~10cm 高，再培细土，浇水追肥。

通过科学管理，20~25d 后即可连根挖收。芹菜采收后不能及时销售的可选择贮藏，尤其冬季贮藏方法较多，有假植贮藏法、窖藏法、塑料薄膜包装贮藏法等，可根据地区和自身条件选择。贮藏上市前 5~7d 化冻醒菜，可采用地下窖醒菜、屋内醒菜、大棚内醒菜等方法，使其恢复鲜嫩，醒菜时温度控制在 10℃ 左右，不宜过高。若醒菜太快，芹菜失水严重，柄部及叶片易发生萎蔫现象，导致产品质量下降。

第九章　佛手瓜种植技术

第一节　概　述

　　佛手瓜又名菜肴梨、合掌瓜，是多年生攀援性宿根草本植物，属于葫芦科佛手瓜属，起源于墨西哥和中北美洲热带地区。因其外形状如佛手，故取名佛手瓜。佛手瓜极少发生病虫害，在整个生长期间甚少使用农药，是名副其实的绿色蔬菜。其具有疏肝理气，和胃止痛，增强人体抵抗力，美容养颜，可利尿排钠，有扩张血管、降压之功效，且热量很低，又是低钠食品，是心脏病、高血压病患者理想的保健蔬菜。经常吃佛手瓜对儿童智力发育影响较大，有助于提高智力，对男女因营养引起的不育症，尤其对男同志性功能衰退有较好的疗效。佛手瓜果肉质细嫩，食用方式方法花样繁多，可切片、切丝、生食、熟食、凉拌、烹炒、配肉、配鸡、配鱼或做汤等，还可腌渍酱制，风味别有特色。近些年来，佛手瓜的化学成分、药理作用、开发应用等方面研究不断深入，作为一种优质的大众化保健食材，日益受到广大消费者的欢迎，市场需求量大，佛手瓜产业发展具有广阔的前景。

　　佛手瓜除果实、嫩茎叶、卷须、地下块根均可做菜肴之外，其根系分布范围广，吸收肥水能力强，耐旱，多年生的佛手瓜，进入第 2 年以后，在不十分炎热的地区可形成肥大的块根。茎蔓性，攀援性强，主蔓可长达 10m 以上，分枝能力强，几乎每节上都有分枝，分枝上又有 2 次、3 次分枝，节上着生叶片和卷须，庞大的茎蔓可提取大量淀粉或作为饲料，瓜蔓可作为强纤维的来源，也可用来加工绳。

　　佛手瓜于 1915 年传入中国，目前在长江以南地区广泛种植，尤以我国浙江、福建、广东、云南、台湾等地居多，因北方气温偏低致使其无法安全越冬，往往采取一年生栽培方式。佛手瓜根系发达，对土壤适应性较强，对土壤选择不严格。但土质肥沃，保肥保水力强的壤土更有利于佛手瓜的生长。佛手瓜的生长茂盛，需水肥量大，应注意增施肥料。佛手瓜在山东地区栽培面积持续增长，经多年发展形成了以沂源县、临朐县为代表的多个规模化生产基地。

第二节　栽培技术

一、整地施肥

在现有育苗大棚，每年育苗结束后，对育苗大棚进行整理，保留育苗池的池体，收起池布后，对育苗棚内土地进行整理。整地时需在土中施足基肥，而且土厚不宜低于30cm。以定植穴为中心，每平方米土面施腐熟农家肥30kg以上，有条件的再加2kg草木灰，没有草木灰的可加200g氯化钾或硫酸钾，并与中下土层充分混合均匀，之后上覆一层普通园土或配合土，植入瓜苗。夏末初秋进入盛产期时可以适当追几次肥，补充土壤中已被大量吸收的养分。据实地观察，佛手瓜的叶片蒸腾强度低于黄瓜和丝瓜，高于葡萄，与南瓜、冬瓜接近。烈日暴晒的早、晚一定要向土中补足水分。

二、育苗

佛手瓜作为一年生栽培，可用整瓜育苗，也可将胚取出植于营养袋内育苗。还可以采用扦插和压条方法繁殖。

（一）种子繁殖

在12月下旬至翌年1月上旬开始育苗，催芽在11月上旬进行。10月中下旬种瓜采收后，挑选果型中大、外形整齐、无伤无残的果实，用塑料薄膜或废报纸包起来，以保持有较高的空气湿度，防止瓜芽干死或瓜皮干缩。用塑料薄膜包好后，每1~2d掀开薄膜通风换气，否则会因膜内氧气不足而使种芽窒息发黄而死。种瓜放在日光温室内，保持10~15℃的温度催芽。1.5~2个月后，佛手瓜的芽即可伸长2~3cm，芽基部有4~5cm的须根发出，此时即可播种。

一般在陶瓷花盆或直径为15~20cm的塑料营养钵内播种。营养钵内装入营养土，浇水成湿润状态，再将已发芽的种瓜柄端朝下，瓜芽向上，或平放在钵内，上面覆土2~3cm。

育苗期间保持苗床温度20~25℃，夜间最低温度不能低于10℃，促其生根出芽。出芽后应经常见光，防止秧苗黄化和徒长。佛手瓜侧枝分生力很强，根萌很多，苗期应及时除去多余的侧枝和萌蘖，只留 1 个主枝。如果幼苗徒长，可在主蔓 4~5 叶时摘心抑制。待发出子蔓后保留 2~3 条健壮的留下，其余的全部除去。定植前，选一条最健壮的作主蔓，余下的都去除。

苗期应保持土壤湿润。由于浇水不当会引起种瓜腐烂，影响幼苗生育，故应尽量少浇水。因此，育苗营养钵上最好覆盖地膜保持土壤湿度。如必须浇水，可用水壶在母瓜周围浇小水，切勿把水浇在母瓜出芽的缝隙中。也可在地面浇小水，让水分浸润上部的营养土。若有烂瓜，只要幼苗根系正常，即可用手轻轻扶住幼苗，取出烂瓜，填土盖好，仍不影响育苗。

缓苗期定植后保持棚内温度白天 20~25℃，夜间 15~20℃ 迅速促进缓苗生长。随着外界温度逐渐升高，加大通风量，棚温超过 25℃ 即放风降温。夜间勿使温度降至 10℃ 以下。此期温度管理的关键是勿使棚温过高，以免徒长，勿使棚温过低，造成植株冷害。待外界最低气温稳定在 11℃ 以上时，可陆续拆除所有的覆盖物，使处在露地环境下。

壮苗标准：定植前，佛手瓜的母瓜应保持绿色或白色鲜嫩，尚未腐烂，秧苗高 40~60cm，节间短，蔓粗壮，叶绿色，叶片厚，根系完整。

（二）光胚育苗法

又称裸胚育苗法，即以去掉种皮的种子作为材料。其育苗要点：种瓜先催芽，待瓜内培根、胚芽和子叶等发育膨大至一定程度时，种子脱离胚座，瓜的合缝线裂开小口，子叶基部夹着胚芽伸出果实外。待幼芽长至 3~5cm 时，两手轻播佛手瓜先端缝合线，当缝合线裂口增大至 1cm 左右时，轻轻拨动子叶，待整个子叶活动即可将胚全部取出。取胚时不必将瓜掰成两半，这样对瓜的损伤小，可销售或继续存放，取裸胚时不会损伤胚，即使受轻微损伤，对育苗影响也不大。将裸胚的胚根朝下播于口径 10cm、长 18cm 塑料袋中，覆土 1.5cm 左右，覆膜保温、保湿，保持地温 15~25℃，土壤见干见湿。利用此法育苗，出苗率较高，成苗率一般可达 100%。同时，因体积小，易于播种、贮藏和交流种子。种瓜仍可食用。不足之处是因越冬不安全，只能春播，不能秋播。

（三）扦插育苗

佛手瓜整瓜播种，需种瓜量较多，成本较高。为降低成本，扩大繁殖系数，可将茎蔓切断扦插育苗。方法是在 2 月下旬至 3 月上旬，剪取通过种瓜繁育的幼苗茎蔓，每一切段含 2~3 个节，去除下部一节的叶片，基部置于 500mg/L 的吲哚乙酸或萘乙酸水溶液中浸泡 5~10min，取出插于育苗营养土或蛭石、珍珠岩等基质中，保温、保湿促进生根。在 25℃ 的气温下，经过 7~10d 即可生根发芽，后期应浇灌营养液，保证营养充足，待长成幼苗后即可移入大田。

（四）压条繁殖

在生长旺盛的植株上，每隔 4~5 节压 1 把土，只留顶芽，保持田间土壤湿润，一般经过 7~10d 即可生根，生根后用剪刀将枝蔓与母株分离，再培养 5~7d 即可作为幼苗移植于大田。

三、定植

4 月上旬在大棚周围进行定植，定植前挖长、宽、深各 1cm 的定植穴，穴距 3m。将 1/3 的穴土与 100kg 的优质腐熟有机肥和均衡的大元素水溶肥 5kg 混合均匀填入定植穴中，上面覆盖 20cm 的厚土层，将幼苗带土坨，去除塑料袋定植于穴中，覆土使土坨面与地面平，浇透水，每亩定植 25~30 株。

四、定植后管理

（一）植株调整

当植株高 40cm 左右时摘心，促进侧枝发生。选留 2~3 条健壮子蔓，子蔓长到 1m 长时再摘心，每个子蔓再选留 3 条孙蔓，其余萌芽及时摘除。在主栽作物前不搭架，把主蔓、子蔓和孙蔓引到温室前面拱杆上，用塑料绳绑住。主栽作物收获后，撒下薄膜搭棚架，顺前屋面弧度搭成，每株佛手瓜要保持 50m² 以上的架面。瓜蔓上架后及时调整位置，均匀分布在架面上，以利通风透光，及时摘掉卷须。

（二）浇水

在与主栽物共生阶段，不需浇水，以促进根系深扎。前茬作物结束后，佛手瓜转为露地生长，需水量大，需勤浇水，最好在根际覆盖 10~20cm 厚的稻草或麦秸，可减少浇水次数。开花结果期特别是开花授粉后 10d 左右，果实生长速度快，需水量大，也应勤浇水，保持土壤湿润。佛手瓜忌地面积水，所以夏季大雨后的排水也很重要。一般佛手瓜在 6 月下旬以前生长缓慢，土壤太干时应适量浇水，雨水较多时，要经常查看种瓜腐烂情况，对种瓜已完全腐烂的幼苗，要及时将周围土壤压紧，促进根系发育良好。7 月后，植株生长速度逐步加快，蒸发量增大，此时应经常浇水保持土壤湿润。尤其是高温干旱天气时，一定要在早晚勤浇水，以免植株顶端受热致死。为了保持土壤经常湿润，可在定植穴四周覆盖稻草，也可以在棚架上覆盖遮阳网。开花坐果初期要适当控制水分，有利于提高坐果率。

（三）追肥

佛手瓜定植后不需马上追肥，一般在上架后开始施肥，分别在 6 月上旬、7 月中旬、8 月中旬进行 3 次追肥。6 月上中旬第 1 次追肥，每株追施三元复合肥 1kg、过磷酸钙 1kg，在离瓜苗 33cm 左右处开沟环施；7 月中旬第 2 次追肥，每株追施三元复合肥 2kg 或农家有机液肥 10kg、过磷酸钙 3kg、草木灰 2.5kg，在离瓜苗 66cm 处开沟环施；8 月中旬第 3 次追肥，根据植株长势确定施肥量，肥要离植株更远些。

（四）适时中耕

佛手瓜定植成活后应及时中耕松土，增温保墒，促进根系生长发育。全生育期中耕 3~4 次，结合中耕及时除草，并适当培土。

（五）搭架引蔓

佛手瓜有 4 个月左右的生长前期，茎基部侧枝生长较快，易形成丛生状。主蔓 30cm 时摘心，尽早选留 2~3 条健壮子蔓，及时抹去多余的侧芽。6 月上旬进入爬蔓期，及时引蔓上架，在每株瓜苗主蔓附近竖一竹竿，以利于主蔓攀缘，每株佛手瓜要有 30m² 的棚室骨架面积。棚架必须牢固，可搭成 3m×4m 或 6m×6m 的平架，高度约 2m。佛手瓜侧枝分生能力强，放任生长，会使得棚架上枝叶过于拥挤，影响通风透光和植株生长。佛手瓜多在子蔓和孙蔓上结瓜，上架后要进行 1~2 次摘心，增加结瓜蔓数。一般每株选留 2 条子蔓，子蔓 1.5m 时摘心，各留 3 条孙蔓，侧蔓培养，及时抹去其他侧芽，防止枝叶密闭。上棚后进行 1~2 次摘心，以促进分枝，增加结瓜数，使瓜蔓在棚架上呈放射状分布。

五、开花结果期管理

（一）温度管理

通过通风控制日光温室温度，白天保持 20~25℃，超过 25℃通风，夜间 10~15℃，尽量减少超过 20℃的时间。在外界气温下降到 10℃时，改为白天通风，夜间闭风。在夜间气温不能保持 10℃时开始覆盖草苫。

（二）人工授粉

佛手瓜开花结瓜期十分集中，9月底至10月初进行人工授粉，可显著提高坐果率，确保丰收。花盛开时采集雄花，剥掉花冠，一朵雌花用一朵雄花授粉，在早晨8时至9时进行。

（三）浇水

覆盖薄膜后，初期土壤水分蒸发量大，5~7d浇灌1次水，以后随温度下降延长间隔时间至10~20d灌1次，并继续延长。

（四）根外追肥

佛手瓜进入开花期视情况可进行叶面追肥，10d左右喷1次磷酸二氢钾加尿素1%溶液。

六、病虫害防治

（一）病害防治

1. 霜霉病

该病主要为害叶片，从幼苗至成株期都可发生，以生长中后期发生较重。植株的下部叶片先发病，开始叶面出现淡黄色近圆形病斑，逐渐扩大成不定形，或受叶脉限制呈多角形；后来病斑颜色转为黄褐色，潮湿时病斑背面可长出稀疏霜状霉层，许多病斑相连可使叶片干枯、死亡。

防治措施：①加强栽培管理：收获后种植前清洁田园，深耕晒田，提高和整平畦面；适度密植，勤除畦面杂草；及时清除下部病残叶，适当增施磷钾肥。②药剂防治：可选用杀毒矾、乙磷铝等药剂防治，隔7~10d喷1次，连续喷2~3次。

2. 白粉病

该病主要为害叶片，叶柄和茎也可发病，果实不易发病。病叶初出现白色近圆形粉斑，病斑扩大后成为连片白斑，严重的整个叶片布满白粉，叶正面重于背面。发病后期，白色的霉斑变为灰色，在病斑上生出成堆的黄褐色小粒点，最后小粒点变成黑色。防治措施：①加强通风透光，开沟排水，降低湿度。②发病初期开始喷洒三唑酮等药剂防治，隔5~7d喷1次，连续喷2~3次。

3. 蔓枯病

该病主要侵染茎蔓，也侵染叶片和果实。叶片染病，出现圆形或不规则形黑褐色病斑，病斑上生小黑点。湿度大时，病斑迅速扩及全叶，致叶片变黑枯死。瓜蔓染病，节附近产生灰白色椭圆形至不规则形病斑，斑上密生小黑点，发病严重的，病斑环绕茎及分杈处。果实染病，初产生水渍状病斑，后中央变为褐色枯死斑，呈星状开裂，内部呈木栓状干腐，稍发黑后腐烂。防治措施：①种子消毒：可选用 0.1% 高锰酸钾或 40% 甲醛 200 倍液浸种 20~30min，洗净后催芽播种。②苗床及土壤处理：可用 40% 多菌灵或 70% 甲基托布津可湿性粉剂按药与土 1∶100 比例配成药土，施入播种沟穴，每穴施药土 150g，与土混合后，隔 2~3d 播种。③实行轮作：与禾本科作物轮作 5~6 年。④嫁接防治：利用南瓜或葫芦作砧木。⑤选用高效低毒低残留药剂防治。

4. 炭疽病

该病主要为害叶片和果实。开始在叶片上出现红褐色小点，后扩展成红褐色至紫褐色斑，病斑较少，边缘颜色略深。湿度大时病斑上产生粉红黏稠状物，多个病斑相互连接致病叶枯死。果实感病，病斑圆形或不规则形，初为淡褐色凹陷斑，湿度大时有红褐色点状黏质物溢出，皮下果肉呈干腐状。防治措施：①种子消毒：可用 50% 多菌灵可湿性粉剂 500 倍液浸种 1h，也可用 55℃ 温水浸种 30min，晾干后播种。②合理密植，增强植株间通透性。③筑深沟高畦栽培，雨季加强排水、降低田间湿度；田间操作时除虫灭病，绑蔓、采收均应在露水落干后进行，减少人为传播病菌。④发病初期喷洒药剂防治。

5. 叶斑病

该病主要为害叶片，发病初期，叶片上产生不规则形或近圆形病斑。病斑较小，直径 3~6mm，浅褐色至褐色。病斑边缘明显，上生黑色小粒点。防治措施：发病初期，可喷洒多菌灵、甲基硫菌灵等药剂。

(二) 虫害防治

佛手瓜虫害较少，但栽培不当时也会发生，应注意及时观察与防治。

1. 白粉虱

属同翅目粉虱科，俗称小白蛾子，成虫和若虫吸食植物汁液，被害叶片褪绿、变黄、萎蔫，甚至全株枯死。且因其繁殖力强、繁殖速度快，种群数量庞大，群聚为害并分泌大量蜜液，严重污染叶片和果实，往往引起煤污病的大发生，使蔬菜失去商品价值。防治措施：①应以农业防治为主，培育无虫苗，辅以合理使用化学农药；可与芹菜、蒜黄等白粉虱不喜食的蔬菜轮作；育苗前彻底熏杀残余虫口，清理杂草和残株。②可采用化学药剂防治。③生物防治手段，可人工繁殖释放丽蚜小蜂，当粉虱成虫在 0.5 头/株以下时，每两周放蜂 1 次，共 3 次，释放成蜂 15 头/株。④物理防治：利用白粉虱对黄色有强烈的趋性，可在板条上涂黄色油漆，再涂上一层黏油（可使用 10 号机油加少许黄油调匀），每亩设置 32 块，置于行间，高度与植株高度相同。当粉虱粘满板面时，要及时重涂黏油，一般 10d 左右重涂 1 次。涂油时要注意不要把油滴在作物上以免造成烧伤。另外，由于白粉虱繁殖快易传播，在一个地区范围内的生产单位应注意联防联治，以提高总体防治效果。

2. 红蜘蛛

属蛛形纲蜱螨目叶螨科，成、若、幼螨在叶背吸食汁液，使叶片出现褪绿斑点，逐渐变成灰白斑和红斑，严重时叶片枯焦脱落，田块如火烧状。高温低湿时红蜘蛛发生严重。防治措施：①采取农业防治措施：铲除田边杂草，清除残株败叶，可消除部分虫源和早春寄主；合理灌溉和施肥，促进植株健壮，可提高抵抗能力。②可采用化学药剂防治。③生物防治，按红蜘蛛与捕食螨 3∶1 比例，每 10d 放 1 次捕食螨，共放 2~3 次，可控制其为害。

3. 蛴螬

其幼虫咬食地下种瓜和嫩茎，成虫为害植株地上部叶片。防治措施：可采取拌毒土、灌根和喷雾措施防治。

（三）特殊情况

1. 高温

夏季气温较高，对佛手瓜的生长造成一定危害，即高温障碍。表现出叶片变成黄绿色，或叶缘向上翻卷、皱缩、畸形，或植株停止生长等。防治措施：适当增加浇水次数，叶面喷施调节剂等。

2. 冷害

地温如果长时间低于 12℃，根部变黄或出现沤根、烂根等现象，地上部分开始变黄；当 0~5℃ 低温持续时间较长会发生冷害，不发根，叶片变成黄白色，生长停滞，抵抗力降低，导致弱寄生物侵染，以致叶片枯死，有的还可诱发灰霉病、煤污病等低温型病害发生。防治措施：如果已发生冻害，要采用缓慢升温措施，如日出后用遮阳网遮光，使其慢慢恢复生理机能，千万不要操之过急。

第三节　采收与贮藏

佛手瓜果实成熟很快，且结果期很集中需要及时采收，以免影响总体的产量。佛手瓜开花后 15~20d 就可食用，作为种瓜和商品瓜，应在开花后 25~30d，瓜皮颜色由深变浅时采收上市。开花后 15~25d 单瓜质量即可达到 250g 以上，嫩瓜便可采摘上市，每株可采收佛手瓜 500 个以上。一般以 7~10d 采收 1 次为宜。如果是供贮藏的，要在老熟后采收，一般需要生长 1 个月左右。佛手瓜在南方可以越冬，但在北方露地种植时不能越冬，因此最后一批瓜一定要在霜冻前采收完毕。

佛手瓜耐贮藏，经过安全贮藏可延长供应期，是丰富市场蔬菜品种、提高菜农经济效益的重要手段。留种的种瓜，利用砂层贮藏，或装入干净的塑料袋里，上面盖上稻草等覆盖物，置于阴凉通风的室内，可保证安全越冬。刚采收的佛手瓜较细较嫩，在收获、装卸、运输、贮藏过程中，瓜皮容易碰伤和冻伤而感染病害。贮藏湿度不适，也会发生烂瓜。佛手瓜后熟能力很强。采收时大多数瓜内的种子尚未成熟，在种皮内只有半仓或更少，但贮藏 20~30d 后，氧气不足，就会发生缺氧现象，引起腐烂。研究表明，佛手瓜适宜的贮藏温度为 0~7℃，以 2~5℃ 最佳，贮藏期一般可达 5~6 个月。这时瓜生命活动能力显著降低，霉菌活动减少，贮藏效果最好。温度高于 10℃ 时，呼吸强度显著增加，贮藏期间容易发芽或发生霉烂。低于 −2.5℃ 时，会发生冻害。出现大量烂瓜现象。佛手瓜适宜贮藏湿度为 80%~90%，空气相对湿度过大易烂瓜，湿度过小易失水干瘪。贮藏过程中，如发现有长出胚根，除去后可继续贮藏。

佛手瓜贮藏方法有地窖贮藏、室内堆藏、容器贮藏等多种。贮藏应做到以下几点。

注意通风：前期和中期采收的佛手瓜，先放在阴凉通风处堆藏，待初霜来临时才入窖、入室贮藏。

严格挑选：入贮的佛手瓜要严格挑选，剔除受伤、受冻的个体。

贮藏窖、室须消毒：入贮前先把地窖或室内熏蒸，杀灭窖内或室内病菌。

佛手瓜体消毒：拟入贮的佛手瓜，表面消毒以杀灭瓜体表面的病菌。

覆盖塑料薄膜：不论窖藏、室内堆藏或容器贮藏，瓜体表面都应覆盖一层塑料薄膜，以减少贮藏期的水分散失，保持商品重量。但不能密封太严。

套塑料袋：用竹篓、条管、大缸等容器贮藏时，每个瓜均套一个塑料袋。这样既可减少病菌传播，又能防止瓜体失水。但不要扎口。

无论采用何种方式贮存，入贮前均应翻倒瓜堆 2 次，剔除烂瓜。此外，注意通风换气和保温保湿。管理得好，9—10 月采收的佛手瓜，可以保存到翌年 4—5 月仍然风味不变。

第十章　水果玉米种植技术

第一节　概　述

水果玉米是受一个或多个隐性基因控制的胚乳突变体，根据含糖量的不同可分为普通水果玉米、超水果玉米和加强水果玉米三种。它的主要特点是皮薄、汁多、质脆而甜，可直接生吃，是玉米的甜质型亚种，胚乳含糖量是普通玉米的2~10倍，赖氨酸含量是普通玉米的2倍，蛋白质含量在13%以上，富含多种维生素和矿物质，具有较高的营养价值。水果玉米在西方国家是一种最大众化的蔬菜，美国每年水果玉米种植面积达32万 hm^2，农业产值超过5亿美元。我国水果玉米种植面积较小，主要以供应大中城市鲜食消费为主，近年来在一些沿海发达地区先后建立了水果玉米罐头加工厂，形成了一定的生产能力。但是水果玉米的品种与加工技术等方面还存在不少问题，没有形成规模化产业，国内高档饭店所需的甜玉米制品仍需进口，水果玉米生产和加工存在广阔的发展空间。

水果玉米品种多数具有多穗的特点，除植株第一果穗采摘食用外，第二、第三果穗一般很难成穗，可以采摘作玉米笋，一株多用，一般一季水果玉米可产鲜穗5 000穗/亩，重量为0.5~0.8t/亩；玉米笋约1万支/亩，茎叶3t/亩以上。茎叶含糖量一般可达10%~12%，比普通玉米茎叶含糖量高1~2倍，蛋白质含量在2%左右，脂肪含量为0.5%~1.0%，可作为优质的青贮饲料。其种植效益是普通玉米的4倍左右。因此，种植水果玉米是高效农业的有效途径之一。

我国的水果玉米开发利用进展十分缓慢，水果玉米产品的普及程度比较低。我国黄淮海地区由于区位优势，是我国玉米的主要产区之一，所生产玉米品质远高于南方玉米。虽然目前水果玉米主要集中在南方地区，但黄淮海地区在适当控制质量的情况下，可以生产更加优质的水果玉米，不仅能够满足当地居民消费需要，还可以进入国际市场。

第二节 栽培技术

一、选地与整地

选择有机质含量高、疏松通气、既保水耐旱又便于排水、中等以上肥力的沙壤土地为宜。精细整地，以加深土层，疏通空气，蓄水保墒，提高地温，熟化生土，增加有效养分和消灭病虫草害。

由于水果玉米种子胚乳中淀粉含量较少，所以顶土力很差，幼苗瘦弱。选择沙壤或壤土地块为宜，肥力较高，深松保水，渗透性好。应深耕耙匀，力求上虚下实，土壤细碎，利于幼苗出土。

二、隔离种植

为避免串粉，防止品质退化，必须与普通玉米生产区隔离种植，采用空间隔离的与其他品种地块相距300m以上，采用时间隔离的品种间花期相差20d以上。这些都需要在土地流转过程中予以通盘考虑，保证集中连片，便于管理和隔离等。

水果玉米甜性受隐性基因控制，如果普通玉米或者不同类型的水果玉米串粉，就会产生花粉直感现象，变成了普通玉米，失去甜味。水果玉米串粉后含糖量降低，同类型的水果玉米花粉授粉才能保持籽粒高的含糖量。假如与普通玉米串了粉，当季籽粒糖分含量立即下降，商品价值降低。因此水果玉米要与其他玉米严格隔离种植，一般要相隔300~500m。如果空间距离不易安排，也可利用村庄、树林、山丘等障碍物进行隔离，亦可采用错开花期（授粉期）播种。一般春播要间隔30d以上，夏播间隔20d以上即可。在播种时，必须严防普通玉米种子的混入，如果水果玉米中混入普通玉米，普通玉米长势强，花粉量大，若不及时去除，水果玉米质量就会大大下降，严重时甚至不能作水果玉米销售。

三、施足底肥

水果玉米生育期短及其加工利用目的较为特殊，应坚持有机肥和无机肥配合施用，增施有机肥，适量施用化肥，施肥时应重施底肥，辅助追肥，增施磷钾肥。底肥施入腐熟的优质人畜粪1 500~2 000kg/亩，无有机肥的也可施入硫酸铵20kg/亩、过磷酸钙

25kg/亩、氯化钾20kg/亩。

四、播种期的确定

水果玉米属于蔬菜作物，淡季收获上市，可大大提高经济效益。因此，根据市场和气候条件来确定播种期很重要。为获得最大经济效益，应提早上市和周期供应。春播宜早不宜迟，可温室育苗，终霜过后定植于露地，或覆膜种植。还可分期播种，每10d播一批，均衡上市，保证淡季的供应。依据早春气温回升的快慢、霜冻的时间和作物生长发育对温度的要求对播种期做出适当的调整。

由于水果玉米是短季作物，种植时期可以有多种选择。黄淮海地区夏季玉米连片集中，不利于隔离保持水果玉米基因的纯合，应该选择错期种植，同时可提高水果玉米生产的效益。早春可比春玉米提前20~30d，一般选择3月底4月初种植；晚茬可选择在麦收后30d播种。

北方地区应于4月末5月初适时播种，并用地膜覆盖栽培，可以提早收获。亦可实行分期播种，延长市场供应时间。对于做罐头用的水果玉米，应根据工厂的加工能力和工厂不同时期的需要量，合理安排好播种时间。

播种前精心晒种，用种衣剂或锌肥、增产菌、辛硫磷等拌种，避免浸种。润湿播种，种、肥隔离，细土盖种，厚3~5cm。提倡采用地膜覆盖栽培，早春播种应外搭小拱棚，以提升地温，确保全苗壮苗。水果玉米果穗的适宜采摘期短，生产上除做好早、中、晚不同熟期品种的科学搭配外，通常采用分期播种的方法，可每隔5d或10d播种一期，以便分期收获、分批上市。

水果玉米种子发芽需要的最适温度为32~36℃，在春季温度低时，发芽所需天数增加，发芽率也低；温度高时，发芽所需天数减少，发芽率也高。一般地温13℃时，需18~20d发芽，15~18℃时需8~10d，20℃时只需5~6d。一般认为气温稳定通过13℃，5cm地温达到11℃以上即可播种。水果玉米发芽快慢还和土壤水分密切相关，当温度一定且在最适水分范围内，土壤水分多时发芽快。

五、选择适宜品种

根据当地的气候、土壤条件、茬期安排以及市场需求因地制宜地选用高产、抗性强、适应性广的水果玉米品种。以幼嫩果穗作水果、蔬菜上市为主的，应选用超水果玉米品种；以作罐头制品为主的，则应选用普通水果玉米品种，并按厂家要求的果穗大小、重量选择合格品种。并注意早、中、晚熟期搭配，不断为市场和加工厂提供原料。

六、培育壮苗

水果玉米籽粒瘦秕，顶土能力差，而普通玉米籽粒成熟时一般含淀粉15%左右，糖分含量1.4%左右；普通水果玉米，如甜玉1号淀粉含量为45.2%，超水果玉米仅有30%左右。因此，水果玉米籽粒瘦秕，发芽顶土差，幼苗弱小。

播种前15d晾晒种子，然后进行温汤浸种。具体方法：先将种子放在55~58℃的温水中搅拌4~5min，再放到20~25℃的温水中浸泡6~8h。由于水果玉米种子不饱满，浸泡时间不宜过长，以免含水量太高。浸种完成后进行催芽，在阴凉处摊薄放置2~3d可使种子萌发。

春播要适时早播，当日平均气温≥8℃时即可播种，夏、秋播可根据茬期安排、市场需求分批播种，每批间隔10d左右，以延长供应期，提高经济效益。育苗最好方法是进行营养杯育苗，苗床宜选择在距定植田较近，地势稍高、靠近水源的地方，营养土用肥沃过筛的园地细土加腐熟的农家肥按6∶1的比例混合拌匀，每立方米营养土用三元复合肥3kg加清洁水溶解喷洒到准备的床土中拌匀，堆沤15~20d，完全腐熟后装杯。选择晴天播种，每杯播1粒种子，播后盖土1~2cm，洒足水。早春育苗，盖土后覆盖地膜，夏、秋育苗盖土后可覆盖稻草，并在苗床上方1m搭架盖农膜加遮阳网避雨避晒育苗，出苗后及时揭掉稻草。苗期管理：在底水浇足的基础上尽可能少浇水，保持床土湿润，当床土起细裂丝时可用喷壶于早上洒水一遍，移植前4~5d停止浇水，并全部揭除上面覆盖物，当幼苗叶龄2.5~3.0叶时即可移植。

适时间苗、定苗，间苗的作用是避免苗与苗相互拥挤，从而促进个体发育壮实。定苗实际上是最后一次间苗，它对密度、壮苗都有影响，一般4~5片叶时间苗，6~7片叶时定苗，每亩栽3 200~4 000株为宜。中耕除草具有提高地温、保蓄土壤水分和改善营养状况的作用，中耕除草时应掌握浅—深—浅的原则，第一次在4~5片叶时进行浅中耕，一般为3cm；7~8片叶时深中耕10cm左右，拔节以后浅中耕3cm，一般从拔节到抽雄前，结合中耕除草轻培土2~3次，以增强抗倒能力。适时打杈。水果玉米比普通玉米更易产生分杈，为了促使主茎穗长成大穗，提高商品质量，在一定的密度条件下，需要打杈，打杈后不仅使养分集中供给主茎穗，而且可以改善田间的通风透光条件，从而提高产量、产值。打杈时间不宜迟，第一次在开始长出分杈时进行，7~8d后再打一次，以除早、除小、不伤主茎为原则。

七、定植及管理

鲜食水果玉米栽培方式宜采用地膜覆盖栽培，春季栽培覆盖地膜，可提早5d左右成熟，夏季栽培覆盖黑地膜可减少锄草用工，促进玉米生长。穗期管理：在大喇叭口期结合施肥进行中耕培土，保持田间持水量的 70%~80%；抽雄开花期是水果玉米需水量大时期，对水分极为敏感，田间持水量保持 70%~80%，这一时期如遇干旱要及时灌跑马水，若降雨过多遇到涝渍要及时排水防涝。为保证水果玉米的商品质量，在吐丝抽穗时要对每株玉米进行疏果，只留植株最上的 1 个果穗，其余的全部摘除。

八、田间管理

（一）穗期管理

该阶段需要确保玉米植株秆壮、穗大、粒满，为后期丰收奠定基础。

加施攻穗肥，玉米处于大喇叭口期，要与中耕相结合进行施肥，具体方法为在 2 株玉米间挖穴（直径 3.5cm 左右，深 8cm 左右），把肥料置于穴内，然后覆土。

及时浇灌，穗期的玉米需要大量水分，不可使其缺水。如果该阶段天气干旱，应当及时灌溉，让土壤湿度维持在 75% 左右，如果该阶段天气降水较多，应注意及时排水防涝。

（二）花粒期管理

该阶段需确保根叶健康，避免出现早衰和贪青，使绿叶的功能期尽量延长，避免出现籽粒败育问题，切实提高结实率以及粒重，增加玉米产量。

1. 合理施肥

根据玉米植株长势确定是否追加施肥，如果植株长势良好，穗肥充足，叶色浓绿，没有出现早衰的情况，就可以选择不追加施肥，避免起相反的作用；反之，就应当追加施肥，施肥量可以根据实际情况掌握。追加施肥的原则是"宜早不宜晚"。

2. 灌溉和防涝

该阶段，玉米田的土壤湿度应保持在 75% 左右，这样才更有利于玉米开花授粉。当天气干燥、土壤含水量达不到标准时，应当及时进行灌溉；如果降雨天气较多、土壤含水量超过标准时，应当及时进行排水。

3. 去雄处理

玉米抽雄初始阶段，应当对大田进行去雄处理，可以间隔 1 行去雄 1 行，或者间隔 1 株去雄 1 株，整块大田去雄应在 1/2 左右。去雄的目的是保持良好的透风性和透光性，有利于植株进行光合作用，节省养料、减少虫害，实现玉米增产增收。对玉米进行去雄处理时，应当避免对顶端叶片造成伤害，也不可将果穗以上茎叶去除，否则会造成玉米植株的损害，影响玉米产量。

4. 人工辅助授粉

去除分蘖与人工辅助授粉。如果在玉米盛花期遭遇极端天气，如大风天气，或连阴天、下雨等，必然会对玉米授粉造成不良影响，此时应当采取人工授粉的方式进行补救。人工授粉应当选择晴天上午 10 时左右进行，此时天气比较干燥，有利于成功授粉。授粉时应当一边采取花粉，一边对玉米进行授粉，将采集的新鲜花粉去除粉壳，使用毛笔蘸取少量花粉，轻轻涂抹于雌穗花丝上。还可以将花粉置于宽口杯中，使用纱布进行封口处理，在授粉时将宽口杯纱布一侧对准花丝轻拍，也可以实现授粉。

水果玉米具有分蘖的特性，在密度较稀时，水果玉米的分蘖可以形成结实饱满的果穗；但密度较大时，分蘖基本上不能形成果穗，且消耗养分和水分，影响主穗产量和质量。所以，为保证水果玉米果穗饱满，一般每株只留 1 个分蘖。雌穗吐须时，进行人工辅助授粉，以提高结实率和果穗的整齐度。采取人工辅助授粉技术能进一步协调好雌、雄之间的关系，做到及时授粉，顺利受精，提高结实率，降低秃尖率。具体做法：开花盛期，于每日散粉高峰期，晴天 9 时至 10 时，阴天 10 时至 13 时，手持长竹竿逐株逐行振动雄穗，振下花粉落于花丝，连续进行 3~5d。

九、合理水肥

根据不同地力和底肥用量合理追肥，据研究，一般生产条件下，水果玉米每亩施入纯氮 8~9kg、五氧化二磷 5~6kg、氧化钾 7~8kg，可获得较高的产量和较好的品质。根据苗情，以根外喷施的方法补充微肥。应注意科学用水，以水调肥。播种至出苗要保持土壤湿润，3 叶期至拔叶期要适当用水，为促进茎叶干物质积累打下基础，喇叭口期至灌浆期保持湿润。要注意基肥、追肥的比例。有机肥、磷肥和钾肥宜全部用作基肥，但氮素肥料作基肥多了容易引起烧种，通常将全部施氮量的 50% 用作基肥，且要注意种肥隔离。追肥的时间，应根据水果玉米的需肥规律分两期进行，一次在拔节前，有 7~8 片叶时，另一次在抽雄前 10d 左右，追肥各利用余下的 50%，这样可以促使茎秆粗壮，穗大产量高。

水果玉米既喜湿又忌积水，对水分特别敏感，各生育期的需水规律为两头小、中间大。出苗到拔节期：植株矮小，气温较低，需水量少，仅占全生育期总需水量的 15%~18%，土壤含水量控制在田间持水量的 60% 左右，避免玉米苗徒长。拔节到灌浆期：玉米迅速生长，叶片增多，气温也升高，蒸腾量加大，因而需要较多的水分，需水量占总需水量的 50% 左右。抽雄前 10d 和花后 2d 左右是水果玉米的需水临界期，是全生育期中需水最多的时期，"花期干旱，减产一半"，甚至使雄花抽不出来。因此，此期应保证土壤含水量为 70%~80%。成熟期：对水分要求略有减少，此时期需水量占总需水量的 25%~30%，此时缺水，会使籽粒不饱满，千粒重下降，水多时，籽粒中的糖度就会下降，影响口感。

十、病虫害防治

对玉米病虫害要以农业、物理和生物防治为主，化学防治为辅。通过合理轮作和及时清理田间病株、杂草清除病虫越冬场所。合理施肥，促进玉米生育健壮，提高抗病力。要注意选用高效低毒生物农药，并在采收前 15d 停止使用农药，以确保果穗质量和食用安全。

（一）病害防治

1. 玉米锈病

发病初期叶片上产生淡黄色小斑点，稍微突起，后成圆形或者椭圆形红褐色锈斑。该病发生后若不及时防治，发展非常迅速，大量发生时，药剂防治效果不佳。因此，防治锈病要采用综合手段，且要早防早治，药剂轮作使用，防止产生抗药性。应避免偏施氮肥，提高植株的抗病性。适当早播，合理密植，中耕松土，浇适量水等。

2. 大、小叶斑病

大、小叶斑病多发生在高温高湿季节，在抽雄前喷代森锰锌预防。在发病初期用春雷霉素、世高等防治，每隔 7~10d 喷 1 次，共喷施 2 次，注意避免使用田间已受病菌污染的水，遇到大雨，停雨后补喷 1 次药。

（二）病害防治

1. 草地贪夜蛾

正确诊断方可对症下药，因玉米螟为害是在叶片上留下成排的圆形孔，而小虫龄的草地贪夜蛾为害形成的是矩形或长条形或不规则的亮斑，且剥开喇叭口可找到其幼虫。3 龄前是防治草地贪夜蛾的好时机，因草地贪夜蛾虫龄大时食量惊人，几天就可吃光叶片。因目前没有特效药，故草地贪夜蛾一旦发生，除使用频振诱杀式杀虫灯外，需生物与化学防治措施并举。

2. 玉米蚜

玉米蚜常藏于心叶，若玉米雄穗上有蚂蚁，说明就有蚜虫，因蚜虫排泄蜜露，吸引蚂蚁来采食。在玉米抽穗期，蚜虫常为害叶片、叶鞘及果穗苞内外。在雄穗上发生时常使雄穗花粉散不开，影响授粉，造成产量损失。在玉米抽穗初期，可选用苦参碱等喷雾防治。

3. 玉米螟

玉米螟幼虫在叶片上留下成排的圆形孔为害是区别草地贪夜蛾的特质，若剥开尚未散花的雄穗，可看到里面有黑头虫，此为玉米螟三龄前的幼虫，较容易控制住。在心叶末期，当被玉米螟蛀食的花叶率达 10%时，或夏、秋玉米的叶丝期，虫穗率达 5%时应采用药剂防治。

第三节　采收与贮藏

水果玉米必须在乳熟期收获并及时上市才能发挥其商品价值。水果玉米成熟后，要在合适的时间采收，不同品种、不同季节的水果玉米最佳采收期有所不同，收获时期较难掌握，一般在授粉后 20~28d 是甜度最高时期，但是品种之间存在较大差异。水果玉米品种不同，适宜的采收时间也不一样。须依据不同品种而定，不同地点采收期也不一样。以授粉后 17~21d 采收为宜。超水果玉米一些地方以授粉后 20~25d 采收较合适。播期不同，适宜采收时间也不一样，一般来说，春播的水果玉米采收期在授粉后 17~22d，秋播的在授粉后 20~26d 收获为宜。田间判断水果玉米的最佳采收期简单可行的方法：果穗苞叶呈绿色，果穗顶部花丝变成深褐色而没有干枯，撕开苞叶后籽粒色泽鲜艳，用指甲掐果穗籽粒有少量白色乳浆流出，也可以采摘样品品尝来确定采收时间。

鲜食水果玉米采收过早，含水量高，干物质少；过迟则含糖量下降，风味变差，直接影响品质。速冻加工的鲜果穗要比直接上市销售的迟 2d 采收为好。水果玉米的收获时期与普通玉米截然不同。除了制种留作种子用的水果玉米要到籽粒完熟期收获外，做罐头、速冻和鲜果穗上市的水果玉米，都应在最适"食味"期（乳熟前期）采收。水果玉米籽粒含糖量在授粉后乳熟期最多，收获过早，含糖量少，果穗小，粒色浅，乳质少，风味差；收获过晚，虽然果穗较大，产量高，但含糖量降低，淀粉含量增加，果皮硬，渣滓多，风味降低。另外，水果玉米采收后含糖量迅速下降，每日糖分下降 1.8%左右。采收时间尽量选择在早晨或傍晚，避免中午温度过高，造成玉米储存时呼吸作用加强。采收果穗时要带苞采收，不可抛掷、挤压。最佳采收期的指标是籽粒含水量 70%，此时甜度高，风味好。采收过晚皮厚渣多，甜度下降。采收鲜果穗应及时冷藏，不宜在常温下放置过夜，否则甜度下降，风味差。水果玉米采收后尽量 6h 内上市销售，以当天销售最佳，冷藏条件下可以存放 3~5d。鲜果穗速冻后可在冷库中保存较长时间，可周年供应市场。

第十一章 猕猴桃种植技术

第一节 概　述

猕猴桃俗称阳桃、毛桃、山洋桃、毛梨桃等，是原产于中国的古老野生藤本果树，因为猕猴喜食而得名。猕猴桃主要起源于亚洲地区，中国是猕猴桃的原生中心，广泛分布于国内大部分省份。中国各地叫猕猴桃的植物有很多种，据植物学家调查，在全国分布的猕猴桃属的植物有 52 种以上，其中有不少种类都可以食用。目前水果市场上的猕猴桃主要是指中华猕猴桃，以及 1984 年由它的一个变种确定为新种的美味猕猴桃。

猕猴桃被誉为"水果之王"，酸甜可口，营养丰富，是老年人、儿童、体弱多病者的滋补果品。它除含有丰富的维生素 C、维生素 A、维生素 E 以及钾、镁、纤维素之外，还含有其他水果比较少见的营养成分——叶酸、胡萝卜素、钙、黄体素、氨基酸、天然肌醇。猕猴桃的营养价值远超过其他水果，它的钙含量是葡萄柚的 2.6 倍、苹果的 17 倍、香蕉的 4 倍，维生素 C 的含量是柳橙的 2 倍。果实卵形，横截面半径约 3cm，密被黄棕色有分枝的长柔毛。其大小和一个鸭蛋差不多（约 6cm 高、圆周 4.5～5.5cm），一般是椭圆形的。深褐色并带毛的表皮一般不食用。而其内则是呈亮绿色的果肉和多排黑色的种子。

猕猴桃是需水又怕涝，属于生理耐旱性弱、耐湿性弱的果树，因此对土壤水分和空气湿度的要求比较严格，决定了猕猴桃最适宜在雨量充沛且分布均匀、空气湿度较高、湿润但不渍水的地区栽培。中国猕猴桃自然分布区年降水量为 800～2 200mm，空气相对湿度为 74.3%～85%。一般来说，凡年降水量为 1 000～2 000mm、空气相对湿度在 80% 左右的地区，均能满足猕猴桃生长发育对水分的要求。如果年平均降水量在 500mm 则必须考虑设立灌溉设施，以备干旱时灌溉所需。高山地区雾气较多、溪涧两旁的土壤湿润，常年湿度大，对猕猴桃生长是比较理想的。在中部和东部地区 4—6 月雨水充足，枝梢生长量大，适合猕猴桃的生长要求。

淄博为我国猕猴桃原产地之一，市鲁山林场及周边山区有数量众多的野生软枣猕猴桃分布。常见覆盖近百平方米的野生软枣猕猴桃架，最大的一个棚架在市鲁山林场枣树峪林区，棚架面积300m²，最大的一棵猕猴桃在市鲁山林场迷宫景区附近，根径达14cm，藤蔓长度近30cm，树龄在200年以上。淄博的栽培区域主要分布在博山区源泉镇和池上镇，自20世纪90年代引进种植猕猴桃，分布在淄河两岸环境生长发育，所生产的猕猴桃果个大、色泽好、含糖量高，具有极高的市场价值。主打品种"碧玉"属于中华猕猴桃系绿心品种，果肉翠绿，晶莹剔透，如同翡翠，故名"碧玉"。该品种口感纯正、酸甜适度、细嫩多汁、芳香浓郁，在省内外享有极高的知名度，赢得"博山猕猴桃就是有点甜"的美誉。

第二节　栽培技术

猕猴桃在野生条件下，主要是通过鸟兽啄食果实后产生粪便传播种子而繁殖。猕猴桃是一种雌雄异株的大型藤本植物，因此猕猴桃的繁殖方式除了种子繁殖外，还可以压条、扦插、嫁接，其中嫁接是使用最普遍的繁殖方式。但是为了获得实生苗，一般要经过种子繁殖的方式获得幼苗再进行嫁接、扦插或压条等方式进行大面积育苗种植。

一、育苗

（一）实生苗的培育

1. 苗圃地选择

猕猴桃苗圃地应选择疏松肥沃、灌溉方便、排水良好、土壤pH值为5.5~7.5的沙壤土或壤土，黏重的土下雨时易涝，天旱易板结，不利于猕猴桃幼苗生长，所以苗圃地以细沙土地为好。在病虫为害严重的地块或连作的苗圃地不宜育苗。

2. 苗圃整理

苗圃地先要施足基肥、深翻、整平，捡净石块、草根等杂物，基肥应使用经过堆沤腐熟的牛粪、猪粪等农家肥，每亩用量要结合当地实际情况确定，同时还应加入适量的磷钾肥。播种前2周用五氯酚钠、菌毒清、菌必净等进行土壤消毒，消毒药剂在地面喷洒后深翻耙细。根据圃地的大小合理确定畦子的大小，但畦子不宜过长，过长易出现地面不平整。原则上畦面宽 100cm、畦梁宽 30cm，畦子的长度在 10m 以内较好。

3. 种子的采集和处理

一般在猕猴桃成熟的 10 月，选取生长健壮、无病虫害、结果品质好、大小均匀植株上的猕猴桃，摘后先进行后熟，果肉软化之后将果肉揉碎，用纱布包裹清洗后取出种子晾干。种子萌发需要经过地温层积的过程（层积一般在 12 月底进行），一般层积需在 0~5℃，将种子埋在湿润的河沙中 2 个月左右即可，或者直接层积直至种子露白。期间要保持沙土湿润，一般会覆盖一层稻草进行保温，也可保湿。

4. 播种

猕猴桃播种的时期因地区气候条件的不同而异，当地气温回升较慢，一般选择在 4 月上旬，天气转暖后进行。层积处理后，选择沙质土壤的地块进行整地、施基肥、做苗床。因猕猴桃种子较小故不能播种太深，将种子条播至苗床上，上面覆盖一薄层沙土即可。播种后保持土壤湿润，同时可以搭设拱棚保温。另外，也可以选择穴盘育苗的方式进行播种，基质选择腐殖质和沙土混合。这种方式育苗可以避免土传病害以及虫害等，方便培育壮苗。

5. 苗期管理

幼苗出土后要搭设遮阳棚，避免阳光暴晒对幼苗不利，待幼苗生长至 3 片真叶时进行间苗，剔除瘦弱苗以及病苗或死苗，幼苗长至 5 片真叶时可以进行移栽定植。猕猴桃是藤本植物不适合定植密度太大，因此定植时行距为 30~50cm、株距为 10~15cm 即可。移栽时选择生长健壮、均匀一致的幼苗，并根据幼苗的生长情况进行分级移栽，保证后期生长一致。移栽选择在上午或下午进行，避开温度较高的正午，减少幼苗水分蒸发。由于猕猴桃是雌雄异株的植物，因此在种植时要注意雌株和雄株都要种植，避免单一植株影响开花结果。

（二）嫁接苗的培育

用种子培育实生苗，然后在上面嫁接栽培品种，是目前果树繁殖采用的最广泛的方法，它是选用现有的优良品种的一个芽或一段有芽枝段（接穗）嫁接到一株苗（砧木）上，使接穗生长发育成地上部器官，利用砧木的根系吸收、供应养料和水分，二者结合形成一个完整的植株。

1. 砧木选择

栽培的猕猴桃主要是美味猕猴桃和中华猕猴桃，美味猕猴桃对北方炎热、干燥的气候和土壤适应性较强，在北方地区，一般使用美味猕猴桃作砧木；在南方，中华猕猴桃适应性较强，用作砧木的较多，也有用美味猕猴桃作为砧木的。

嫁接用的砧木应是生长健壮、无病虫害的植株，砧木基部的嫁接部位应光滑、平整，直径应达到 0.8cm 以上。

2. 接穗的采集和储存

接穗的采集分休眠期和生长期接穗的采集。无论什么时间采集接穗，都要选择采集健壮的枝条，选择母树上生长充实、芽体饱满、无病虫为害的枝条。不用细枝、弱枝，徒长枝上的芽眼质量不高，也应尽量不用。边采集边按品种绑成小捆并做好标记。

休眠期接穗采集最好是在 3 月初 "惊蛰" 前采集，这一时期猕猴桃还在休眠中，且距嫁接时间较近，贮存时间较短，也可在 1—2 月结合冬季修剪采集接穗。

休眠期接穗储存选一处阴凉的地方挖沟，一般要在土壤上冻前挖，沟宽约 1m、深 1m，长度可按接穗的数量而定。将冬季剪下的接穗捆成小捆，用标签注明品种，埋在沟内，上面用湿沙或疏松潮湿的土埋起来。要注意，不能埋完接穗后灌水，防止湿度大造成霉烂；在埋沙或土时，尽量使沙土和接穗充分接触。

生长期接穗采集一般是在嫁接前随用随采，要选择已经木质化且枝条部分的饱满芽。由于生长期的温度较高，枝条采下后要立即把它的叶子剪掉，只留下一小段叶柄。如果接穗当天用不完，贮存时可将其放在阴凉的地窖中，或把它放在篮子里，吊在井中的水面上。生长期的接穗不能放入低温冰箱中，因为大气温度都在 20℃ 以上，一旦接穗的温度下降到 5℃ 以下，就可能发生冷害。如果要利用空调房间存放，必须将温度调到 10~15℃。如需远距离引种，则要求把接穗放入低温保温瓶中，可以保存约 1 周的时间。

3. 嫁接时间

猕猴桃在春、夏、秋季都可以进行嫁接，最适合的嫁接时期是早春、初夏和初秋。春季嫁接使用贮存的 1 年生枝条作为接穗。夏季嫁接应在接穗木质化后进行，以 5 月下旬至 6 月底前为好，在嫁接后 7~10d 即可萌芽抽梢。夏季高温、干燥时最好不要嫁接。秋季嫁接以 8 月中旬至 9 月中旬为好，初秋嫁接，形成层细胞仍很活跃，当年嫁接愈合，翌年春季萌发早，生长健旺，枝条充实，芽饱满。秋季嫁接后不宜剪砧平茬，不能让接芽萌发，过迟接芽虽能愈合，到了冬季却容易冻死。

4. 嫁接方法

（1）劈接法　砧木接头在 1cm 左右时可采用劈接法。首先用嫁接刀将接穗的下端削成斜面长 2~3cm 的楔形削面，楔形一侧的厚度较另一侧略大，接穗上剪留 1~2 个饱满芽，削面要一刀削成，平整光滑。用刀在接头中间切开，深度 4~5cm，将削好的接穗从接口中间插入，两边形成层对齐。若粗度不符，尽量保证一边形成层对齐。

（2）插皮接法　砧木粗度在 2cm 以上时可采用皮下插接法。此法多在接穗粗度小于砧木粗度时采用，先将砧木在高地面 5~10cm 的端正光滑处平剪断，在端正平滑一侧的皮层纵向 3cm 长的切口，将接穗的下端削成长 3cm 的斜面，并将顶端的背面两侧轻削成小斜面，接穗上留 1 个饱满芽，将接穗插入砧木的切口中，接穗的斜面朝里、斜面切口顶端与砧木截面持平，接穗切口上端"露白"，将接口部位用塑料薄膜条包扎严密，接穗顶端用蜡封或用薄膜条包严，只露出芽眼待发。

（3）舌接法　接穗与砧木粗度相近的可采用舌接法。现将砧木在基部距地面 5~10cm 处选择端正光滑面斜削成舌形，斜面长 3cm 左右，在斜面 1/3 处顺枝条往下切约 1cm 深的切口，然后选留接穗 1~2 个芽，在接穗枝的下端削同样大小的 1 个斜面切口，使接穗和砧木的两个斜面相对，各自分别插入对方的切口，使形成层对齐。如果接穗与砧木的粗度不完全一致，可使一侧的形成层对齐，嫁接后用塑料扎条包扎紧。

（4）带木质芽接　此法多在接穗与砧木粗度相近时采用。先在接穗上选取 1 个芽，在接芽下方 1~2cm 处呈 45°斜削至接穗周径的 2/5 处，然后从芽上方 1cm 左右处下刀，斜往下纵削，与第 1 切口底部相交，去下的接芽全长 3~4cm。在砧木离地面 5~10cm 处选择端正光滑面，按削芽片的方法削 1 个大小相同或略大的切面，将芽片嵌入，使二者的形成层对齐或至少一侧的形成层对齐，用塑料膜条包扎严密。

二、建园

（一）园址选择

要根据猕猴桃生长结果对外界环境的要求，将猕猴桃栽培在最适宜的区域。园地年平均气温应在 12~16℃，容易发生冻害的区域或容易发生霜害的低洼区域不宜建园。土壤以轻土壤、中土壤和沙土壤为好，土壤 pH 值为 6~7.5，最低 5.5，有机质含量在 1.5% 以上，地下水位在 1m 以下，有充足的水源，但也需有良好的排水条件。光照过强的正阳向山坡地、光照不足的阴坡地和狭窄的沟道不宜建园。园地以地势平坦为宜，山坡地的宜在早阳坡、晚阳坡处建园。

（二）品种的选择

猕猴桃对气候、温度要求比较严格，很多地区没有少量引种试验就盲目大面积引种，造成冬季不能安全过冬，死苗和得溃疡病现象发生严重，打击了人们种植猕猴桃的积极性。在博山地区，通过多年实践和品性观察，源泉镇当地品种"博山碧玉"的长势、抗病性非常适合种植和推广，现已发展成万亩规模。如果引进外地新品种做实验，可以通过"博山碧玉"品种作为主干，利用两蔓高接换头进行观察试验，稳定三年才能推广发展。切记：适合于当地发展的品种是最好的品种。

（三）栽植架型选择

架型主要有"T"形架和大棚架。"T"形架的优点：投资少，易架设，田间操作方便，园内通风透光好，有利于蜜蜂授粉。大棚架的优点：抗风能力强，产量高，果实品质好；缺点：造价高。

依品种、栽培架式、立地条件及栽培管理水平而定。"博山碧玉"是长势中庸型，株行距可选用2m×（3~3.5）m的大棚架。两根水泥杆之间是4m，两根水泥杆之间定植栽植2棵猕猴桃即可。架面一般为1.8m，根据地面和操作人员身高而定。

（四）定植

1. 定植密度

定植密度受品种特性、立地条件、管理水平、采用的架型等因素影响，建园时可根据具体情况确定。一般株行距为2~3m或2~3.5m。

2. 定植时间

一般是秋季冬前和春季3月定植。秋季冬前是霜降落叶后15d（11月15日左右）即可移栽定植，这时定植的优点是到翌春地温回升时有利于根系萌发，提高成活率和生长势。翌年春天种植在3月中下旬移栽定植。

3. 定植方法

长0.6m、宽0.6m、高0.5m定植穴；没有土壤改良的每穴放入10~15kg腐熟好的有机肥，土壤改良过的每穴都要放3kg左右的生物菌肥；春季定植可以用生根剂配好混合液，放一部分土成泥合状待用；把嫁接皮去掉，须根多的剪去20%须根，须根少的不用剪，把根放入生根剂混合液里蘸根；把土用有机肥生物菌肥混合后回填到35cm左右，在穴中心堆一窝头状土堆，把根放到上面均匀分布用土回填覆盖，根系栽植深度一般在地面以下15cm左右，根据苗子大小随时调节。不可过深或过浅，一般等到浇水地面沉实后嫁接口处的接穗与地面平行最佳；整好树穴每株浇灌15kg稳根水；待水渗下后回填全部土整平树穴；树穴盖1m宽黑地膜保墒保温除草，并整好树盘以备下雨或以后浇水，到6月高温时在地膜上盖土遮阴降地温或去膜起垄整成畦状大水漫灌增加地面湿度；在5月开始用玉米秸秆或小麦秸秆对树盘进行覆盖，保湿降温，防止根系受到热害；盖膜后主杆留3~5个饱满芽10cm左右剪断，在剪口处用愈合剂或油漆涂抹，防止水分下流抽干；第一年主要是促发新根，保证成活率，可在桃苗畦间套种两行春玉米，给猕猴桃营造一个半阴半阳的健康环境促进生长。

（五）定植后幼树管理

第一年移栽是以保证成活率为主，再促进根系生长和培养粗壮饱满的主干。移栽后的夏季管理，以防止热害、保持土壤墒情和温度为主，给猕猴桃根系一个适宜生长的环境。利用玉米秸秆、麦秸、菌渣、除草布等进行覆盖。

可以铺设除草布除草、保湿、夏季降温。间套种玉米遮阴生长，收获后马上把玉米秸覆盖地面，同时促进主秆木质化形成，有利于冬季安全过冬。第三年就不用种植玉米等作物了。

三、栽植幼苗管理

（一）影响苗木成活和良好生长的因素

1. 人为因素

（1）苗势细弱　苗木栽植时没有严格分级，选苗把关不严，所栽苗木主干细弱，根系较少，根系脱水或有病虫感染，栽植三级苗等。

（2）时间不当　未在苗木发芽前后，气温在 5~10℃ 时栽植。

（3）栽植过深　根茎入土超过 20cm 以上的黄黏土，超过 30cm 的沙壤土。

（4）肥害烧根　定植穴施用未腐熟有机肥；化学肥料施用过多；根系直接接触肥料；土壤浓度过大；叶面肥和病虫防治喷施浓度不当等。

（5）浇水太迟　特别是栽后稳根水要在 12h 内浇灌，而且一次浇足。

（6）中耕伤根　苗木栽植后，中耕除草，距树过近，耕锄过深，伤及新根。

（7）人为伤害　主要有踩踏、折损，特别是上风口使用除草剂或者园区使用除草剂，焚烧秸秆等。

（8）栽植过浅　根茎入土不足 10cm，甚至主根裸露，导致根系脱水，土表温度过高，新根不能发出。

（9）根系太小　苗木起挖或栽前剪根过多，根群总量低于原根 50%。

（10）苗木下陷　园区深翻或栽植穴松土超过 50cm，栽前未进行灌水沉实，栽后浇水或降雨，苗子随土下陷，诱发栽植过深。

（11）撕膜没有覆土　地膜覆盖栽植，未能在 6 月以后进行覆土遮阴。

（12）苗子裸露　采用传统清耕制，没有遮阴或间作，没有果园生草，苗子裸露生长。

2. 气候因素

（1）降温冻害 萌芽或展叶期，降温或降雪，气温低于0℃，幼芽和枝叶细胞汁结冰，组织受损，遭受冻害。

（2）晚霜危害 展叶现蕾抽梢期温度骤降，出现黑霜，一般气温低于5℃，持续数小时，叶片或幼嫩组织青枯或干缩，遭受霜害。

（3）大风危害 伴随降雨，5级以上特别是7级以上大风，持续8h幼苗叶片就会有程度不同破损失水，出现间歇性萎蔫、卷曲和变形。严重的风后受损叶片一经太阳照射，叶片边缘有水烫青枯症状。严重的风害可导致大量枝干吹折。

（4）高温干旱 持续10d以上35℃以上高温，幼苗叶片就会干枯，特别是裸露情况时，严重的弱株就会枯死。

（5）雨后萎蔫 夏季降雨突晴，植株最易出现叶片耷拉萎蔫，根系水分供应和叶片水分蒸腾出现矛盾，严重的可导致植株死亡。土壤含水量饱和，根系呼吸受阻，毛细根和支持根生理性褐变溃烂。

3. 生物因素

（1）真菌病害 苗期有猝倒病、立枯病等，幼树有叶斑病、黑斑病、炭疽病、枝腐病、疫霉病、褐斑病、根腐病等。

（2）细菌病害 溃疡病。在有冻害年份，幼苗最易感染溃疡病。春季在主干部位，夏季在叶片部位。

（3）各种虫害 为害幼苗的虫害较多。根系有蛴螬、金针虫；叶片有蜗牛、金龟子、卷叶蛾、透翅蛾、斜纹夜绿桃蛙螟、叶蝉、飞虱、蚜虫、红白蜘蛛、蜡蝉、椿象等。枝干有桑盾蚧、草履蚧、球坚蚧、木蠹蛾等。

（4）生理病害 黄化病、小叶病、叶枯病、萎蔫病、卷叶病、花叶病、日灼病等。

（二）猕猴桃幼苗管理技术

选好两年生一级壮苗建园，最好用美味系海沃德、秦美品种籽播苗或野生美味系籽播苗。有条件的可以选用组培脱毒苗。

栽苗最好在叶落后土壤封冻前的11月中旬至12月上旬，春季栽苗不迟于3月底展叶前。栽苗前园区土壤深翻40~60cm，或栽植行开沟（50~60）cm×（50~60）cm，每亩不少于3t腐熟有机肥，生物菌肥80kg。

栽植穴用辛硫磷颗粒剂或辛硫磷拌麸皮处理，每亩以上药剂分别为5kg和3kg，撒于栽植穴。栽前栽植穴或定植行要用水浸灌，沉实坑穴，如不沉实，苗子务必栽在地面以上20cm处或踩实栽植穴和地面栽平。

起苗运输要保湿防风防晒；栽苗前适当剪除苗子外围须根，剪除部分不超过总根量25%，成品苗要彻底剔除嫁接口塑料扎带。

栽苗时，秋冬和春季栽植穴土壤最好低于50%含水量，切记高于70%以上土壤含水量栽苗。土壤相对越干越好。

栽植穴距离根系20cm以下集中施用生物有机肥、油渣、豆饼、腐熟农家肥、腐殖酸肥等，有机基肥任意一种不少于2~3kg。栽植当日每穴不少于20~30kg稳根水。

冬前栽植，栽后主干剪留5cm（2~3芽）平茬埋土，埋土厚度不低于30cm，避风保湿防寒。

稳根水分墒前（穴内土壤含水量不少于50%）铺设地膜，可以采用通行覆膜和单株覆膜，单株覆膜直径不低于1m²。

实生苗栽植及时落砧剪留2~3芽，成品苗嫁接口以上剪留2~3个饱满芽。新芽长至离架面20~30cm及时定干，选用"一干两蔓"架型。

树行栽植水泥柱后可以用细绳或竹竿牵引幼苗上长，未栽植水泥柱的及时插竹竿牵引，力争幼苗主干端直上长，每隔20~25cm将幼苗固定绑缚牵引绳或竹竿。可以用帮枝机帮扶，省工省力。

地膜覆盖可以大幅度减少灌溉次数，土壤湿度不低于60%含水量，不必浇水。未覆膜园视土壤墒情7~10d灌溉一次。

幼苗栽植当年务必实施果园生草或自然生草，不生草最好间作其他农作物，降低地表温度，保持园区湿度，有利于苗木生长。生草园草高20cm以上定期割草，注意预防病虫害。可以铺设玉米秸秆、菌渣等覆盖，腐烂后是良好的有机肥。

6月以前幼苗发根较少，营养补充可结合病虫防治加苦苦素、氨基酸液肥、尿素、磷酸二氢钾等叶面喷施。5月底可以结合浇水冲施生物菌剂促进根系生长，以后每隔1个月每株距主干20cm左右、深度15cm左右开放射沟株施高氮复合肥150g左右，结灌水随水冲施生物菌或氨基酸类水溶肥施用。采用水肥一体化浇施的按照用量滴管施入。

持续高温注意红蜘蛛为害叶片，及时用阿维菌素或哒螨灵预防。蚜虫、飞虱、叶蝉、蜡蝉可选用吡虫啉和高氯菊酯预防。金龟子、蜻螺、介壳虫、斜纹夜蛾等可选用龟杀立克和纷壳杀等农药预防。

黄叶病用生物菌剂和螯合态铁肥喷施或灌根效果明显。小叶树采用重剪并喷施硫酸锌混合芸薹素。萎蔫树摘叶缩冠减少蒸腾，刨根晾墒透性材料酒糟醋糟更换根茎周围土壤，增加根际透气性。

北方地区，在秋季也应做好园区开沟排水，以防树根积水，诱发根腐和叶片萎蔫。

叶片、枝干、根系等树体真菌、细菌病害预防，结合叶面肥和虫害预防。

实生苗 1.0~1.3m 摘心，加速下部木质化，以保证主干嫁接营养基础。成品苗架下 20~25cm 处摘心，促发主蔓，及时沿树行中心钢绞线绑缚牵引。主干基部及架下分支主蔓以下侧枝侧芽一律及时抹除，保证单主干或双主干的直立端直生长。

四、水肥管理

(一) 水分管理

猕猴桃是肉质根，呼吸作用强烈，叶片较大，蒸腾量大。根系一般生长在地下 15~40cm，喜欢水，但还怕涝害。淄博年降水量为 500~700mm，但是每年之间降水量不均匀，所以在建园时就要整理好地面，做好灌排工作，防止旱涝发生。

在萌芽前后，田间持水量以 75%~85% 为合适，土壤水分充足，达到树体萌芽整齐，花蕾饱满。开花以前，应当控制灌水，以免影响花开放整齐度，在花前根据墒情灌水一次，保持水分供应。5 月 20 日左右（定果以后 2 个月）是果实迅速膨大和枝叶最旺盛时期，在持续无水情况下，每隔 7d 左右应当灌水一次。7 月果实进入缓慢生长期，需水量相对较少，但此时温度较高，根据墒情适当灌水即可。7 月下旬后，果实进入成熟营养积累转化时期，适量灌水，在采收期前 10d 左右，应当停止灌水，为采收入库做好准备，以免影响储存时间和果实质量。冬季休眠期需水量较小，但是猕猴桃肉质根含水量和储水能力强，要结合墒情在施用基肥后封冻前浇一次冻水。

(二) 肥料管理

猕猴桃施肥就是给树体供应营养，营养是由氮、磷、钾大量元素和钙、镁、铁、硼、锰、锌等中微量元素组成。有机肥和化肥成为营养供应的主体。猕猴桃肉质根具有喜肥怕烧的特点，所以科学定量施肥是关键。一旦施肥过量会造成烧根现象，施肥时期不对和过少都会造成黄叶、小叶、果小、落果、树势长势不旺等现象。

1. 猕猴桃第一年定植施肥

猕猴桃第一年主要是保苗成活、促进根系生长和培养主干为主，一般是以生物菌肥、氨基酸类功能肥、高氮高磷中钾为主。春季在施足底肥时定植，4 月下旬可以冲施或灌施生物菌剂、有机质、氨基酸类含少量氮磷钾水溶肥，促进根系生长，以后可以每隔一个月用一次高氮复合肥每株 50g，用条沟法施入，可以结合浇水冲施各类水溶肥，进行交替使用，补充各种养分。到 10 月上旬每棵用充分腐熟的有机肥 10kg 加生物菌有机肥 2.5kg 施入，每株配施三元素复合肥 0.2kg 和少量中微量元素施入。

2. 猕猴桃第二年施肥

猕猴桃第二年是促进根系，以扩冠为主，施配种类一般是高氮中磷中钾，以生物菌、氨基酸类功能肥为主。去年定植生长了一年的正常幼树，3月下旬萌芽肥建议每株施入150g左右高氮中磷中钾复合肥、中微量元素少许。基肥上年度施用过的不再施用，未施用的每株用1kg生物菌肥和3kg商品有机肥或自己腐熟的农家肥7.5kg施入。4月下旬可以冲施或灌施生物菌剂、有机质、氨基酸类加氮磷钾水溶肥，按照说明施入，促进根系生长，以后可以每隔一个月用一次高氮中磷高钾复合肥，每株0.1kg，用条沟法施入，可以结合浇水和氮磷钾水溶肥交替使用。到10月上旬以前每棵用充分腐熟的有机肥15kg加生物菌有机肥1.5kg施入，每株配施平衡三元素复合肥0.25kg和少量中微量元素施入。

3. 猕猴桃第三年施肥

猕猴桃第三年进入初果期，进入营养生长和果实生长的协调期，根据物候期按照一年5次施肥规律进行科学施肥。以有机肥、生物菌肥、氮磷钾大量元素加钙镁铁锌硼等中微量元素、氨基酸类水溶肥为主。萌芽肥：3月下旬每棵施入0.2kg高氮低磷低钾复合肥；催花肥：4月下旬可以冲施或灌施生物菌剂、有机质、氨基酸类加氮磷钾水溶肥；膨果肥：5月中下旬每株用0.25kg中氮中磷中钾复合肥，或者冲施三元素氮磷钾水溶肥。优果肥：7月中旬每株用中氮低磷高钾复合肥0.25kg或者同元素水溶肥施入。重施基肥：用上全年60%的肥料量，有机肥全部用上。到9月下旬至10月上旬每棵用充分腐熟的有机肥20kg或商品有机肥5~10kg加生物菌肥2.5kg施入，每株配施平衡三元素复合肥0.4kg和钙、镁、铁、锌、硼等少量中微量元素施入。

4. 猕猴桃第四年施肥

猕猴桃第四年算是进入盛果期，需肥量达到最大值，产量一般控制在每亩2 000kg左右，这样不会影响树体正常生长，健康树体会达30~50年。第四年后的树体生长正式进入营养生长和果实生长的协调期，根据物候期按照一年5次施肥规律进行科学施肥。以有机肥、生物菌肥、氮磷钾大量元素加钙镁铁锌硼等中微量元素、氨基酸类、生物菌类、腐殖酸类氮磷钾水溶肥为主。萌芽肥：3月下旬每棵施入0.25kg高氮低磷低钾复合肥；催花肥：4月下旬在开花前施入三元素平衡复合肥每棵0.2kg，可以冲施或灌施生物菌剂、有机质、氨基酸类加氮磷钾水溶肥（按照产品说明使用），水溶肥里面含有中微量元素；膨果肥：5月中旬每株用0.3kg中氮高磷中钾复合肥，或者冲施三元素氮磷钾水溶肥。6月上旬可以冲施钙镁中量元素，水培肥起到膨果、增加果实硬度作用。优果肥：7月中旬每株用中氮低磷高钾复合肥0.25kg，或者同元素水溶肥施入。增施基肥：用上全年60%的肥料量，有机肥全部用上，到9月下旬至10月上旬每棵用充分腐熟的有机肥 25kg 或商品有机肥 10~15kg 加生物菌肥 3kg 施入，每株配施平衡三元素复合肥 0.5kg 和钙镁铁锌硼等少量中微量元素施入。

5. 猕猴桃第四年后施肥方法

因为 4 年后的猕猴桃根系已生长到树行中心（行距 3m）。此时树干直径 0.5m 的老主根系吸水、吸肥能力减弱，不用在直径 0.5m 位置内施肥。秋后施入基肥首先可以把几种肥料一起撒入地面，用旋耕机犁深 15cm 左右，不伤主根就行，耕地时靠近主干内侧（主根多）可以少用力，梨深 15cm，不伤主根为要；外侧可以多用力，犁到 20cm 左右，可以少伤部分须根，因猕猴桃根系容易向上生根，可以适当伤根，称为压根，也利于重新发根。也可以用条沟米字放射型施肥法施肥。春季尽量不用旋耕机旋耕施肥，这时期正当根系萌动，容易伤根造成根腐病。2~3 年幼树可以同样方式顺延减半施入。没有土壤改良的 1 年或 2 年幼树园，可以每亩在行间施入 10t 有机肥深翻 0.4m 左右改良，为根系向深处生长打好基础。施肥后看天气和土壤墒情，尽早浇水，让肥料稀释，促进根系养分吸收转化。

五、整形修剪

（一）整形

1. 第一年培养

定植后，在 4 月 20 日左右，选留一根饱满枝做主干顺直上长，其他叶芽全部抹掉，在主干一面插一根 1m 左右的顺直竹竿，把主干顺着竹竿一侧进行 10cm 左右一段帮扶，因为猕猴桃有缠绕性状，如果帮扶过晚或者有风等情况，它会自动缠绕主干上长，如果缠绕，叶芽处会萌发分枝。待主干长到 0.5m 处摘心，加快主干粗度，形成木质化，利于冬季安全过冬。摘心后顶端几个叶芽处会长出枝条，几个枝条长至 0.3m 左右摘心，枝条的顶端会再长出新的枝条，再次摘心。主要目的扩大树冠面积，促进根系生长，增进主干粗度，加快主干木质化形成，利于安全过冬。

2. 第二年管理

第一个环节：在树体一面插一根顺直粗壮的竹竿，顺着竹竿直立顺直生长，这需要在主干生长期用绑枝机等帮扶，细节点是把主干顺着竹竿一侧进行 10cm 左右一段帮扶，必须是 10cm 左右，因为猕猴桃有缠绕性，如果帮扶过晚或者有风等情况，它会自动缠绕主干上长，叶芽处会出现分枝，严重时会影响树体顺直上长。只留一个主干上长，其他叶芽全部去掉，下面的叶芽必须抹去。

第二个环节：在主干顶端长到离架面 20cm 处，再在主干顶端以下 20~30cm 地方选择两个左右的斜对称的叶芽处摘心，摘心后主干一边上长，顶端的两个叶芽会随之长出两根主蔓，主干和主蔓共同上长，主干长到离架面 20cm 左右处会自然停止生长，这时的主干节间已经稳定，从而形成最好的顺直的主干，利用架面钢架线把两根主蔓帮扶 30° 稳定上长，在主蔓长到株距一半超过 20cm 时，这时的两蔓会形成粗度一致顺直状态，再把两根主蔓下放，按照每隔 10cm 就帮扶一道，让主蔓平行在钢架线上面，下放后两蔓顶端离株距一半回缩 10cm 短截，让两棵树的主蔓相隔 10~15cm 即可。

（二）修剪

1. 冬季管理修剪技术

冬剪是关乎一棵、一个园子猕猴桃明年产量和树体健康生长的重要措施。冬剪时间：霜降节气遇到冷空气下降，猕猴桃叶片迅速落叶，随着温度逐步下降，树体养分水分逐步回流积累到树干和根系，逐渐进入冬眠期，可以在 11 月上旬开始修剪。冬剪结束期在萌芽前一个月，若在 3 月底和 4 月初开始萌芽，冬剪结束期可以定在 2 月下旬就尽量结束冬剪。

猕猴桃冬季管理"第一、第二年"修剪技术

第一年树龄冬剪：以保苗为主，扩叶促进根系生长，培养主干抗冻性。

第二年树龄冬剪：培养形成标准顺直的一干两蔓架型、扩大树冠，增加根系生长。第二年树通过春季定芽、定干、定两个主蔓等环节，一般形成一干两蔓 8~14 根发育枝，其中看发育枝条的饱满芽程度可以断定有没有良好的结果母枝，一般采用两侧各留 4~6 根结果母枝，每棵树保留 8~12 根结果母枝，结果母枝间距 30cm 左右，间距尽量保持均匀分布，为选留的发育枝做好基础。

猕猴桃冬季管理"少枝多芽"修剪技术

第三年树修剪，通过第二年的夏季管理，形成了标准的一干两蔓 12~14 根结果母枝状的树形。第三年以后到盛果期的 30 年内，冬剪标准一致。

对选留结果母枝枝势要求：强调剪留中庸枝，粗度 1~1.5cm，避免 2.0cm 以上虚旺徒长枝和 1.0cm 粗度以下细弱枝，保持剪留结果母枝粗度接近、枝势一致。

冬剪步骤：一缩，对于一干多蔓或一干两蔓树形，以主蔓为中心位置，沿主蔓两侧 20~25cm 以外的结果母枝枝组全部疏除，所留的发育枝（更新枝）集中在主蔓两侧（或主蔓上）。二截，按照行间留 20cm 采光带科学要求，每根结果母枝一般在 1.4m 处进行短截，有的细弱枝可以在 0.8cm 左右剪截为宜。三去枝，对树冠内膛部及主蔓（上）周围徒长枝，内膛和主蔓周围衰弱枝和结果母枝上分叉枝进行疏剪去除。一干两蔓树形除了按照单株所占面积算出剪留结果母枝数量外，还要严格按照奇偶各一边，间距 30cm 左右进行结果母枝等距离穿错排列。株行距 2m×3m 共选留 12 根 1.4m 结果母枝为主。

2. 夏季管理修剪技术

（1）抹芽　抹芽时间掌握在现蕾初期，芽子之间相隔 15cm 左右，根据芽子长势决定，一般抹除总芽量的 50%，否则达不到抹芽效果。若有倒春寒发生，需尽量晚抹。

第一年的树体是培养根系、主干、主干上的饱满芽为主。第二年是培养标准的一杆两蔓，以扩大树冠为主。下面描述的是第三年（盛果期）以后的抹芽技术。

盛果期的树体抹芽分两个部位：第一个部位是结果母枝上的芽（也就是逐步形成的结果枝）；第二个部位是两根主蔓上和以主蔓为中心两侧外延 20cm 以内的芽（保留下来的是发育枝，第二年的结果母枝）。

首先把第二个部位的芽抹除。通过抹芽来控制结果量，选留叶片整齐、花蕾数多的芽。第二是选抹两根主蔓上和以主蔓为中心两侧结果母枝上外延 20cm 以内的芽（保留下来的是发育枝，第二年的结果母枝）。先把第一部分的结果母枝上的芽抹除后，这时两个主蔓位置上的芽体会长到 5~8cm，芽体长势明显，此时选留的芽子就是未来的结果母枝，要按照选留 14~16 根发育枝的要求，在 2m 的两蔓间距间隔 14cm 左右选留长势健旺的芽体，主蔓上长势好的芽子不够用时可以选用主蔓两侧的结果母枝上 20cm 之内的芽体，选留后要把该芽体上的花蕾剔除，以免影响发育枝的长势。

（2）摘心（剪梢）　摘心目的是为了控制结果枝和发育枝的生长，达到调节树势以及营养生长和生殖生长平衡的作用。一般而言，树冠中外部基本以结果为主，是当年产量的主体，中膛部和靠近主蔓周围是发育枝（第二年结果母枝）培养部位。就单干伞状树形（还有一部分是该架型），二道铁丝以外（距主干 30~50cm）的所有结果枝要求在最上果节以上枝条长到 20cm 左右时，在以上留 2~3 叶第一次摘心。发育枝长到行距一半时进行第一次摘心，长势弱的枝条可以在顶梢打弯时进行摘心，时间一般是在 6 月中旬。

一干两蔓树形摘心。首先选留发育枝，正常选留发育枝应该是在主蔓上留 12 根为主，科学间距是每个发育枝之间左右对称是 15cm。在靠近主蔓的结果母枝上选留发育枝，尽量均匀分布，可以每棵树多选留 2~4 根，就是选留 14~16 根发育枝备用，到冬季修剪时再合理选留。第一次摘心在发育枝长到行距一半时；摘心后顶端芽眼会萌发二次新枝，新枝长到 20cm 时留 3~5 片叶进行第二次摘心；长势旺的发育枝会在二次枝上再长出第三次新枝，待长到 20cm 时，在 3~5 片叶处进行第 3 次摘心；长势弱的发育枝，顶梢生长变慢，开始打弯时及时摘心，全年发育枝的摘心进行 2~3 次。

结果枝的摘心：结果枝摘心是为了促进果实膨大生长，同时才能促进发育枝的生长，科学摘心还起到结果母枝和结果枝之间通风透光的作用。一根结果母枝上按照14cm 平均分布，1.4m 结果母枝选留 10 个结果枝，第一次结果枝摘心时间在枝条现蕾后期，要求越早越好，结果枝上最上花蕾以上枝条长到 20cm 左右时可以在最上果节 2~3 个处摘心，自封顶的结果枝不需摘心。以后萌出二次枝长到 15cm 左右时再留 2~3 叶二次摘心，一般结果枝两次摘心后，由于树体营养生长转入生殖生长，侧枝再次萌发能力大幅度减弱，无需考虑以后摘心。发育枝要随时观察及时摘心，防止顶梢相互缠绕，造成管理麻烦，容易形成郁闭园现象，造成病虫害的发生。总之，摘心核心要做到"外控内促"，就是把外围的结果枝通过摘心控制生长，同时促进内堂发育枝的生长。

（3）疏枝　从抹芽到摘心再到疏枝，就完成了整个夏季修剪任务。秋季疏枝目的是：夏季特别是在 7 月高温季节，树冠叶幕层要求可以适当密闭，以便减少日灼和热害，但是进入 8 月上旬高温逐渐结束后的果实有机物质转化积累期，务必要加大疏枝力度，保证树冠透光率在 30%，增加猕猴桃果实见光度，因为猕猴桃果实也进行光合作用，通过阳光来吸收转化养分，否则，郁闭的树冠不利果实内在品质保证，且易诱发各种病虫害侵染爆发为害。疏除枝条以过密枝、细弱枝、徒长枝、重叠枝、交叉枝为疏除重点，同时也为冬剪打好基础。

（4）夏季管理"徒长枝"修剪技术　随时注意观察内堂枝的生长情况，一经发现，处理如下：第一是在已经培育好足够的发育枝时，马上进行抹除；第二是发育枝不够用时可利用"摘心转势"法处理此类枝条。在徒长枝长至 3~5 芽时提早重摘心，控制其生长，摘心后可以萌发 2 个或 2 个以上二次枝，利用二次枝生长，缓和徒长枝生长势，使其由虚旺势转入中庸强壮势，即"摘心转势"。徒长枝摘心后的二次枝摘心同正常发育枝摘心一样，长放至行距一半时再二次摘心。

徒长枝一般枝条粗壮，萌发生长势快，一旦出现，10d 左右会长至近 1m，会消耗大量的养分，如果科学管理可生长成为很好的正常发育枝。

六、花果管理

（一）猕猴桃"疏蕾"技术

1. 疏蕾原理

猕猴桃易形成花芽，花量比较大，只要充分授粉，受精良好，猕猴桃花的坐果率可达百分之百，不会因新梢生长的竞争造成生理落果。

2. 疏蕾时期

一般在 4 月 20 日左右开始，猕猴桃一般是萌芽展叶的同时花蕾也会随之显现，正常在 4 月中旬开始现蕾，在 5 月 1 日前开始开花，所以必须在花前疏蕾，防止养分流失。

3. 疏蕾方法

抹芽结束马上进入疏蕾期，一个结果枝一般有 2~10 个花蕾，包括双生蕾，对结果枝上的花蕾统一疏去副蕾、畸形花蕾，以疏除最上花蕾、最下花蕾为主对结果枝旺枝留 5~6 蕾，中庸枝 3~4 蕾，细弱枝 2~3 蕾进行预留。花蕾总留量为总留果量的150%，应防止授粉不良等因素造成坐果率下降。最基部的花蕾容易产生畸形果，疏蕾时先疏除，需要继续疏时再疏顶部的，尽量保留中部的花蕾。花蕾的大小和形状与授粉坐果后果实的大小和形状关系十分密切，副蕾（耳蕾）、畸形蕾、顶蕾、根蕾（密集结果枝底部蕾）提前早疏，越早越好。有些树体花蕾过多，在抹芽同时，可以提早疏除有关花蕾，应灵活掌握。

（二）人工授粉

人工授粉是提高猕猴桃产量及商品果率的有效手段之一。若授粉不良，种子少，果实小且宜畸形，甚至不能坐果。在自然条件下，一般是通过风媒和昆虫活动传粉的。因猕猴桃是雌雄异株，并且叶大枝茂，花粉又易干燥，单靠风媒达不到完全授粉目的，同时猕猴桃花只有花粉而无蜜腺，对蜜蜂的吸引力远不及既有花粉又有蜜腺的其他花，因而依靠自然蜂传粉效果也很有限。所以在短暂的花期进行人工辅助授粉，是十分重要和必要的。

首先采集含苞欲放或刚刚开放的雄花，用镊子摘下花药，平摊于铺有干净白纸的桌面上，待花粉散出，用细箩筛出花粉，装入人工授粉器，对准每个雌花的柱头，轻捏人工授粉器两下，即可完成人工授粉，为保证效果可再重复一次授粉。若喷后马上下雨，则应重新授粉，若 3h 后下雨，则不用重新授粉。

（三）疏果—定果

疏果—定果的目的是为了留下适量的果实，最终达到科学产量。正常猕猴桃的坐果能力很强，在正常授粉情况下，95%的花都可以受精坐果，一般果树坐果以后，如果结果过多，营养生长和生殖生长矛盾，树体会自动调节，使一些果实的果柄产生离层而脱落。但猕猴桃除病虫为害、外界损伤等可引起落果外，不会因营养的竞争产生生理落果，因此开花坐果后疏果调整留果量尤为重要，猕猴桃子房受精坐果以后，幼果生长非常迅速,在坐果后的 50~60d 果实体积和鲜重可达到最终总量的 70%~80%,疏果不可过迟,正常在 5 月 25 日左右定果结束。

疏果应在盛花后 2 周左右开始,首先疏去授粉受精不良的畸形果、扁平果、伤果、小果、病虫为害果等,而保留果梗粗壮、发育良好的正常果。根据结果枝的势力调整果实数量,生长健壮的长果枝留 4~5 个果,中庸的结果枝留 2~3 个果,短果枝留 1 个果,同时注意控制全树的留果量,成龄园每平方米架面留果 40 个左右,每亩 100 棵树每棵留 200 个果左右即可,亩产能达到 2 000kg。疏除多余果实时应先疏除短小果枝上的果实,保留长果枝和中庸果枝上的果实。经过疏果,使每个果在生长期平均有 6~8 个叶片辅养,即叶果比达到(6~8):1。

七、病虫害防治

(一)物理防治措施

在猕猴桃的生长过程中,冬天需要使用相应的防治措施来预防主干和主枝上易出现的膏药病、黑斑病的病斑等。种植人员首先应使用木片等工具将黑斑病的病斑刮掉,然后再涂抹药物。5 月是病害容易出现的季节,因此可以针对猕猴桃树木加强检查工作,一旦发现有溃疡病等病斑出现的枝叶一定要及时剪除并集中销毁。

(二)化学防治措施

化学防治措施主要是针对猕猴桃熟腐病和黑斑病,同时也能够兼具其他病害的防治。在冬季剪除果需要在全部果园的范围之后喷洒石硫合剂加上五氯酚钠来进行封园处理。每年的 3—4 月是猕猴桃的萌发期,这时可以再喷洒一次石硫合剂,并且在猕猴桃树木上的病部来涂抹石硫合剂的残渣和代森铵。在树木萌发期过后,针对冬后病虫的防治可使用世高或得宁加上杀虫剂,能够有效减少病虫害对于猕猴桃树木产生的侵害。在猕猴桃树木生长的展叶期间,可以使用代森锰锌等来防治花腐病为害。在猕猴桃树木谢花之后,可以选择叶斑清或者世高等加上杀虫剂,把全园都喷洒一遍,根据果园的实际生长情况,每间隔 10~15h 喷洒一次,能够有效提升防治效果。由于猕猴桃在生长过程中对很多药剂都非常敏感,因此在使用之前可以先进行喷洒试验,从而掌握好合适的药物浓度。

第三节　采收与贮藏

一、采收时期

猕猴桃果实采收时期的标准是植株地上部分停止生长，叶片变黄开始脱落，果实充分膨大有柔软感但未软化，不涩。若采收过早，果实营养物质积累少，果形较小，香气缺乏，含糖量低，含酸量高，风味差而不耐贮藏；若采收过晚，果实易受霜冻伤害的影响，硬度下降，果皮皱缩，外观质量差，易软化变质，不耐贮藏。猕猴桃要做到适时采收，使其达到品种固有的风味和品质，且利于果实贮藏。

（一）根据猕猴桃品种生育期适时采收

一般中华猕猴桃果实生育期为140d左右，美味猕猴桃果实生育期需要170d左右，达到时间采收较为适宜。在同一地区生长的果实，从生长到成熟的时间，可通过计算从盛花期开始的生长天数来判断采收期，而不同地区则存在差异。淄博猕猴桃一般在8月底至10月初，北方地区降霜会影响果实品质，应在霜降前采收。

（二）根据猕猴桃果实可溶性固形物含量适时采收

猕猴桃果实可溶性固形物含量通常作为采收成熟度检测的重要指标。根据我国农业行业标准规定，猕猴桃果实可溶性固形物在6.2%~8%时即为可采成熟度，在9%~12%时为食用成熟度，超过12%就属生理成熟度。而不同品种，不同产地采收时可溶性固形物要求一般有所差异。同时可溶性固形物含量的测定有相应要求与方法，果实需在采摘后3h内完成指标测定，否则，测得数据所反映的只是样品果的后熟程度，而不是其采收成熟度。

（三）根据猕猴桃果实用途适时采收

因猕猴桃果实品种、用途（贮藏、鲜销或加工）的不同，采收时期略有变化，贮藏和长途运输的猕猴桃果实适宜硬熟期采收。硬熟期是果实充分发育后，果面茸毛开始减少，果皮开始褪绿，果肉稍硬，有色品种基本满色。若作为特色时鲜水果就近销售，可在生理成熟度采收，这样果实风味更佳。如果作为加工果汁、果酱用的果实，则选择食用成熟度采收。

二、采收方法

猕猴桃采收前 5d 内不得向园内灌水，20d 内不得施用氮肥，雨天、雨后以及露水未干的早晨均不宜采摘，宜选择无风的晴天。采果前采果人员需剪好指甲，戴好手套，不饮酒，采果时不吸烟。采收时宜分批采收，即先采大果、好果，后采小果、次果、有伤果。采摘成熟的野生猕猴桃时，果蒂的离层细胞已经形成，采摘时应避免掉落造成机械伤，影响贮藏。

（一）分批采收

同一果园不同地块、同一植株不同部位的猕猴桃成熟不可能一致，应做到分期、分批采收，先外后内，先上后下，根据要求按级别采收好果、无伤果，不宜一次全部采完。

（二）选择采收

不采收碰伤果、拉伤果、虫害果、授粉不良的畸形果以及因日灼引起局部凹陷发皱的果实。

（三）科学采收

采果时手握果实向上推，轻轻旋转，不能硬拉。采果过程中，要注意轻采、轻放、小心装运，避免果体碰伤、堆压，最好是随采摘、随分级、随包装、随入库。在用来装猕猴桃的容器底部应使用柔软材料作衬垫，装筐时品种要单一，为其贮藏做好准备。

三、田间运输及贮藏

猕猴桃的田间运输是从果园到包装场，再到贮藏库的。猕猴桃采收时一般在 9—11 月，此时气温较高，果实自身带较多田间热。若作为鲜销果实，猕猴桃采后可直接运输到销售地进行催熟上市，果箱在车内必须码成花垛，以便通风散热，从贮藏库运往市场，最好用冷藏车或保温车运输；用普通卡车运输时，果箱在车内应堆码紧密，并用棉被盖车顶，以保持车厢内较低温度，在实施过程中要求快装快运，轻装轻卸，装载适量，行车平稳。若需要贮藏，则要尽快排除田间热量，尽量减少二次转运所造成的机械损伤，普通货车运输一定要采取防震措施，减轻果实碰撞，运输过程中可加冰或先预冷再加保温层。

有条件的可以采用集装箱式保温车或冷藏保温车运输，车厢内温度最好控制在 0~10℃。猕猴桃的采收到入库的间隔时间要短，如果采收后在常温下存放 1d，贮藏寿命就可能缩短 10~15d，产地建库有利于及时贮藏果实，从而延长贮藏期。此外，在进入冷库贮藏时，要注意库内消毒，排出库内异味。清除库内杂物，可用饱和的高锰酸钾溶液或漂白粉洗刷地面，紧闭库门 24h，48h 后开机降温。

第十二章 甘薯种植技术

第一节 概 述

甘薯属旋花科番薯属，多年生或一年生的蔓生性草本植物。原产于热带美洲，而且在美洲的栽培历史悠久，直到哥伦布发现新大陆之后才由西班牙传入菲律宾，进而传遍世界各地。甘薯不仅食用味道好、产量高，并且具有极高的营养价值与保健作用，其多方面的用途使其受到各地人们的喜爱，在我国各个地区均有种植。甘薯作为我国重要农作物之一，不仅具有适应性强、产量高的特点，更是具有极高的营养价值和保健作用。

甘薯茎匍匐蔓生或半直立，长1~7m，呈绿、绿紫或紫、褐等色。茎节能生芽，长出分枝和发根，利用这种再生力强的特点，可剪蔓栽插繁殖。叶着生于茎节，叶序为2/5。叶片有心脏形、肾形、三角形和掌状形，全缘或具有深浅不同的缺刻，同一植株上的叶片形状也常不相同；绿色至紫绿色，叶脉绿色或带紫色，顶叶有绿、褐、紫等色。聚伞花序，腋生，形似牵牛花，淡红或紫红色。雄蕊5个，雌蕊1个。蒴果近圆形，着生1~4粒褐色的种子。染色体数$2n = 90$。

甘薯在中国分布很广，南起海南，北到黑龙江，西至四川西部山区和云贵高原，均有分布。根据甘薯种植区的气候条件、栽培制度、地形和土壤等条件，一般将中国的甘薯栽培划分为五个栽培区域：①北方春薯区。包括辽宁、吉林、河北、陕西北部等地，该区无霜期短，低温来临早，多栽种春薯。②黄淮流域春夏薯区。属季风暖温带气候，栽种春夏薯均较适宜，种植面积约占全国总面积的40%。③长江流域夏薯区。除青海和川西北高原以外的整个长江流域。④南方夏秋薯区。北回归线以北，长江流域以南，除种植夏薯外，部分地区还种植秋薯。⑤南方秋冬薯区。北回归线以南的沿海陆地和我国台湾等属热带湿润气候，夏季高温，日夜温差小，主要种植秋冬薯。北方薯区以淀粉加工业为主，长江中下游薯区主要作为饲料，南方薯区则在食品加工方面有较大的发展空间。

中国各薯区的种植制度不尽相同。北方春薯区一年一熟，常与玉米、大豆、马铃薯等轮作。春夏薯区的春薯在冬闲地春栽，夏薯在麦类、豌豆、油菜等冬季作物收获后栽插，以二年三熟为主。长江流域夏薯区甘薯大多分布在丘陵山地，夏薯在麦类、豆类收获后栽插，以一年二熟最为普遍。其他夏秋薯及秋冬薯区，甘薯与水稻的轮作制中，早稻、秋薯一年二熟占一定比重。旱地的二年四熟制中，夏秋薯各占一熟。北回归线以南地区，四季皆可种甘薯，秋、冬薯比重大。旱地以大豆、花生与秋薯轮作；水田以冬薯、早稻、晚稻或冬薯、晚秧田、晚稻两种复种方式较为普遍。在闽南旱地，常与春花生套种。

一般把甘薯生长期划分为4个时期，但由于品种特性、栽培条件和生长表现的不同，各生长时期的具体时间段不同。

发根缓苗期：指薯苗栽插后，入土各节发根成活。地上苗开始长出新叶，幼苗能够独立生长，大部分秧苗从叶腋处长出腋芽的阶段。

分枝结薯期：甘薯根系继续发展，腋芽和主蔓延长，叶数明显增多，主蔓生长最快，茎叶开始覆盖地面并封垄。此时，地下部的不定根分化形成小薯块，后期则成薯数基本稳定，不再增多。结薯早的品种在发根后10d左右开始形成块根，到20~30d时已看到少数略具雏形的块根。

薯蔓同长期：甘薯茎叶覆盖地面开始到叶面积生长最高蜂。茎叶迅速生长，茎叶生长量占整个生长期重量的60%~70%。地下薯块随茎叶的增长，光合产物不断地输送到块根而明显膨大增重，块根总重量的30%~50%是在这个阶段形成的。

薯块盛长期：指茎叶生长由盛转衰直至收获期，而以薯块膨大为中心。茎叶开始停长，叶色由浓转淡，下部叶片枯黄脱落。地上部同化物质加快向薯块输送，薯块膨大增重速度加快，增重量相当于总薯重的40%~50%，高的可达70%，薯块干物质的积蓄量明显增多，品质显著提高。

第二节　栽培技术

一、备耕

（一）深耕

土壤板结会造成甘薯生长缓慢，就算多施肥料也难增产。深耕能加深活土层，疏松熟化土壤，增强土壤养分分解，提高土壤肥力，增加土壤蓄水能力，改善土壤透气性，有利于茎叶生长和根系向深层发展，从而提高甘薯产量。

对土壤结构良好，有机质含量较高，或表土黏厚的应深翻，但一般不要超过40cm，过度深翻反而容易招致减产。一般深耕30cm比浅耕15cm增产20%左右。宜在晴天深耕，切忌在土壤黏湿时耕作，以免造成泥土紧实。深翻要结合施有机肥，增加土壤有机质，以改善土壤理化性质，有利于提高土壤肥力。

（二）起垄

甘薯主要采用起垄种植，垄作优点是：比平作栽培增加地表面积，增大受光面积，增加土体与大气的交界面，昼夜温差大，且有利于田间降湿排水。在起垄时要尽量保持垄距一致，如宽窄不匀会造成邻近植株间获得的营养不同，造成优势植株过分营养生长，而弱势植株可能得不到充分的阳光及养分，生长不匀会影响产量。

甘薯的起垄方式差异很大，各有优、缺点，其中一种起垄方式是，起垄时，垄顶整平，有的在种植薯苗后，略在垄两边搂土垫高，中间做成沟形，这有利于苗期淋水抗旱，也方便两边施肥，保水保肥好，在生长中后期方便逐渐多次盖土，防治象鼻虫。但要注意用此法种植甘薯时，一是容易插植薯苗过深，有深达10cm的，二是后期盖土时，容易造成薯块覆土过深，当块根生长于垄心深层，处于板结贫瘠且水热和通风透气不良条件下，不利于结薯和薯块膨大，造成低产。另外，就是多数垄距过宽，有些达1.5m，未能充分利用土地，因甘薯苗期长势慢，封行迟，也不利于抗旱，且封行慢导致的除草用工也多，另外，垄距过宽则每亩苗数少，不利于获得高产。

二、育苗

甘薯的播种需要催芽，因为甘薯种子坚硬，若直接种子种植不仅发芽慢而且不整齐，故经验丰富的种植户多采取催芽的方式帮助播种。当然，催芽也是很有讲究的，首先要选择饱满而新鲜的种子，浸泡10~12h，然后将吸水胀发后的种子放在25~28℃的保温箱中，4~5d后，种子基本能够出芽。甘薯的播种一般采取直播，分为爬地种植及支架种植两种。爬地种植一般每穴播种1~2粒，行距50cm、株距33cm，约种植3 000株/亩，用种量约2kg。支架种植则采用深沟高畦方式，畦高20~25cm，沟宽50cm，畦面90cm，每畦栽2行，行间距50cm，株距33cm，每穴播种3~4粒，每亩需要2.5~3.0kg种子。

利用薯块的萌芽特性育成薯苗是甘薯生产上的一个重要环节。薯块宜选用根痕多、芽原基多的品种，以重100~250g、质量良好的夏、秋薯块作种薯。可采取各种育苗方法，如人工加温的温床，用多种式样的火坑，或使用微生物分解酿热物放出热能的酿热温床和电热温床等。利用太阳辐射增温的有冷床、露地塑料薄膜覆盖温床等。苗床加盖塑料薄膜，可提高空气温度和湿度，有利于幼苗生长，使采苗量增加，百苗重能提高20%左右。育苗过程中，前期要用高温催芽。从排种到齐苗的10多天内，温度由35℃逐渐下降，最后达28℃。苗高15cm左右时，温度由30℃渐降到25℃。床土适宜持水量为70%~80%，初期水分不足，根系伸展慢，叶小茎细，容易形成老苗；水分过多，则空气不足，影响萌芽；在高温、高湿下，薯苗柔嫩徒长。采苗前3~5d内，必须降温炼苗，将床温维持在20℃左右，相对湿度60%。为了避免薄膜覆盖的苗床内气温过高，除通风散热外，床土还要保持一定的湿度，以便降低膜内气温。萌芽过程中，薯苗所需养分主要由薯块供应。但根系伸展后或采苗2~3次后，要加施营养土或追施速效氮肥。床土疏松，氧气充足，能加强呼吸作用，促进新陈代谢。严重缺氧能使种薯细胞窒息死亡，引起种薯腐烂。覆盖塑料薄膜时，必须注意通风换气，有利于长成壮苗。

育苗时间因育苗的方式不同而有不同。加温苗床一般在栽插前1个月左右进行育苗，而冷床和露地育苗则在栽前1个半月左右进行。排种密度每平方米以23~32kg薯块为宜。采苗宜及时，以免影响苗的素质和下茬苗的数量。采苗的方法有剪、拔两种。

剪苗较拔苗的优点：种薯表面没有伤口，可防止病菌入侵；不会摇动种薯损伤薯根；促使基部腋芽、小分枝生长，增多苗量。剪苗要离床土3cm以上，剪取蔓头苗栽插，能防病增产。

（一）品种要纯

甘薯生产应尽量采用同一品种和种苗质量一致，当不同品种或优劣种苗混栽时，极易导致减产，这是目前部分产区甘薯低产劣质的主因之一。由于甘薯不同品种间和优劣种苗间存在较大差异，有的前期生长旺盛，有的前期生长迟缓，有的品种耐肥，有的品种耐瘠，还有的品种蔓较长，有的品种蔓较短，那么，混栽后的部分植株获得优势，营养生长过盛，从而影响了另一部分弱势植株的生长，另外，有些优势植株的茎叶旺长，反而会导致薯块产量低于正常水平。一般情况下，就算两个高产品种混栽也会降低产量。

（二）壮苗

要用壮苗，剔除弱苗，壮苗与弱苗的产量可相差20%~30%。因为壮苗返苗快，成活率高，长出的根多、根壮，吸收养分能力强。要求薯苗粗壮，有顶尖，节间不太长，无病虫害症状。采苗时如乳汁多，表明薯苗营养较丰富，生活力较强，可作为诊断薯苗质量的指标之一。薯苗长度一般要达 20~25cm，具有 6 个展开叶较好，薯苗太长则带的叶片较多，蒸腾面积大，返苗迟，若苗太短则需要较长时间才能达到正常苗的长度，薯苗过长过短都不利于高产。

培育壮苗必须采用薯块育苗，一般在插植前 100d，选择大小适中（单薯重以 200~300g 为宜）、整齐均匀、无病虫、无伤口、薯块作种。先在 1m 宽的苗床排种育苗，当薯块长出的薯苗长度达 25~30cm 时，即进行假植繁苗，并在假植苗节数达到 6~10 个节位时进行摘心打顶促分枝。在计划种植前 5~8d 薄施速效氮肥培育嫩苗壮苗，当薯苗长度达 25~30cm 时，应及时采苗种植。剪采第一段嫩壮苗作种苗，剪苗时应留头部 5cm 内的数个分枝，但不可留得过长，重新发苗，如此循环剪苗。

尽量使用第一段苗，切忌使用中段苗（第二、第三段苗），主要原因是甘薯常常携带黑斑病、根腐病菌及线虫病等，薯块中携带的病原物会缓慢向薯芽顶部移动，而顶苗可在很大程度上避免薯苗携带病菌，原因是病原物的移动速度低于薯芽的生长速度，病原物大部分滞留在基部附近，上部薯苗带病的可能性比较小。

（三）甘薯脱毒育苗

脱毒甘薯是利用生物技术将甘薯内的病毒清除出来，并培育出无病毒的甘薯秧苗，恢复优良种性，提高产量和品质。目前国内主要采用"组培育苗"的技术，进行茎尖脱毒后繁育薯苗，主要措施包括试管苗快繁和土壤扦插嫩尖苗等。

（四）灭菌杀虫

灭菌：主要目的是预防因病害而造成老小苗的发生。方法是采用多菌灵或甲基托布津溶液，把薯苗基部 6~8cm 段浸泡 10~15min。

杀虫：杀灭种苗虫源，可用杀虫剂先喷杀准备采苗的甘薯田地，栽插前，可用杀虫剂浸甘薯藤的头部 1~2min。

三、栽植

一般采用垄作，能加深土层，改善通气，加快吸热和散热，温差大，还有利于排涝抗旱。凡秋季易涝和适宜密植的地区，双行大垄比单行小垄增产。适时早栽可延长生长期，增产显著。主产区春、夏薯当土温稳定在 18℃ 左右时，每迟栽 1d，就会减产 1%~1.5%；栽种壮苗，发根快，成活率高，结薯早，壮苗可比弱苗增产 10% 以上。

栽种密度因季节、品种、用途等而不同。春、夏薯每亩 3 000~5 000 株，秋、冬薯每亩 4 000~6 000 株，力求在茎叶生长盛期叶面积指数达到 3~4.5。饲用甘薯因不断割取茎叶，在多施肥料的条件下，每亩可加密到 6 000~8 000 株。

（一）栽插时间

最好选择阴天土壤不干不湿时进行，晴天气温高时宜于午后栽插。不宜在大雨后栽插甘薯，这易形成柴根。应待雨过天晴，土壤水分适宜时再栽。也不宜栽后灌水，栽后灌水或在大雨后栽插，成活率较高，但薯苗往往长时间长势不好，原因在于土壤呈现水分饱和状态，且土温偏冷，同时，土壤也变得比较紧实，土壤中的氧气含量减少，妨碍了根系发展，生长缓慢。久旱缺雨，则可考虑抗旱栽插，挖穴淋水，待水干后盖上薄土，栽苗后踩实，让根与土紧密接触，提早成活。如栽苗后才淋水，则需再覆干土在表面保湿。

（二）合理密植

每亩插植 2 500~4 000 株，在一定密度内，一般产量随着密植程度提高而增加，而大中薯率随着密植程度提高而下降，如果是作为食用，不需要大薯，可适当密植，收获中小薯，容易销售。一般以垄宽 1m，垄高 25~35cm，每亩插 3 300 株左右最为适宜。要注意插植的株距一致，株距不匀则容易造成靠在一起的两株成为弱势植株。

（三）栽插方法

1. 栽插方法

甘薯栽插方法较多，主要有以下 5 种栽插法，一般以水平栽插法为佳。

（1）水平栽插法　苗长 20~30cm，栽苗入土各节分布在土面下 5cm 左右深的浅土层。此法结薯条件基本一致，各节位大多能生根结薯，很少空节，结薯较多且均匀，适合水肥条件较好的地块，各地大面积高产田多采用此法。但其抗旱性较差，如遇高温干旱、土壤瘠薄等不良环境条件，则容易出现缺株或弱苗。此外，由于结薯数多，难以保证各个薯块都有充足营养，导致小薯多而影响产量。如是生产食用鲜薯，则小薯多反而好销。

（2）斜插法　适于短苗栽插，苗长 15~20cm，栽苗入土 10cm 左右，地上留苗 5~10cm，薯苗斜度为 45°左右。特点是栽插简单，薯苗入土的上层节位结薯较多且大，下层节位结薯较少且小，结薯大小不太均匀。优点是抗旱性较好，成活率高，单株结薯少而集中，适宜山地和缺水源的旱地。可通过适当密植，加强肥水管理，争取薯大而获得高产。

（3）船底形栽插法　苗的基部在浅土层内的 2~3cm，中部各节略深，在 4~6cm 土层内。适于土质肥沃、土层深厚、水肥条件好的地块。由于入土节位多，具备水平插法和斜插法的优点。缺点是入土较深的节位，如管理不当或土质黏重等原因，易成空节不结薯，所以，注意中部节位不可插得过深，砂地可深些，黏土地应浅些。

（4）直栽法　多用短苗直插土中，入土 2~4 个节位。优点是大薯率高，抗旱，缓苗快，适于山坡地和干旱瘠薄的地块。缺点是结薯数量少，应以密植保证产量。

（5）压藤插法　将去顶的薯苗，全部压在土中，薯叶露出地表，栽好后，用土压实后浇水。优点是由于插前去尖，破坏了顶端优势，可使插条腋芽早发，促进萌芽分枝和生根结薯，由于茎多叶多，促进薯多薯大，而且不易徒长。缺点是抗旱性能差，费工，只宜小面积种植。

2. 栽插注意事项：

（1）浅栽　由于土壤疏松、通气性良好、昼夜温差大的土层最有利于薯块的形成与膨大，因此，栽插时薯苗入土部位宜浅不宜深，在保证成活的前提下宜实行浅栽。浅栽深度在土壤湿润条件下以 5~7cm 为宜，在旱地深栽也不宜超过 8cm。但在阳光强烈且地旱的条件下，要注意如果过浅栽插，因地表干燥和蒸腾作用强烈，薯苗难长根，茎叶易枯干，导致缺苗，应考虑适当深栽等措施。

（2）增加薯苗入土节数　这有利于薯苗多发根，易成活，结薯多，产量高。入土节数应与栽插深浅相结合，入土节位要埋在利于块根形成的土层为好，因此以使用 20~25cm 的短苗栽插为好，入土节数一般为 4~6 个。

（3）栽后保持薯苗直立　直立的薯苗茎叶不与地表接触，避免栽后因地表高温造成灼伤，从而形成弱苗或枯死苗。

（4）干旱季节可用埋叶法栽插　埋土时，要将尽可能多的叶片埋入土中，埋叶法成活率高，返苗早，有利增产，由于甘薯的叶面积较大，通常需要较多的水分供其生长，特别是薯苗栽插后对水分需求较高。此时如果将大部分叶片暴露在土壤表面，在强烈的阳光照射下需要大量的水分供其生理调节，但刚栽插的薯苗没有根系，仅靠埋入土中的茎部难以吸收足够的水分，结果造成叶片与茎尖争水，茎尖呈现萎蔫状态，返苗期向后推迟，严重时造成薯苗枯死。而将大部分叶片埋入湿土中可有效地解决薯苗的供水问题，叶片不仅不失水，还可从土壤中吸收水，保证茎尖能够尽快返青生长。

四、田间管理

许多地方的甘薯多种在干旱、土层薄、肥力低的差地，有些地方则是连年种植甘薯，土壤得不到轮作和休养，土壤保水保肥能力降低，土壤的水肥条件满足不了高产甘薯的生长要求，这是甘薯低产劣质的主要原因之一。

早期主要是及时补苗，封垄前中耕除草 2~3 次，如遇大雨冲塌垄面须进行培土。甘薯翻蔓会损伤茎叶，搅乱叶片的均匀分布，削弱光合效能，再生枝叶时又消耗养分，影响植株养分的正常分配而造成减产。进行追肥、喷施药剂等措施时，要保护秧蔓，减少茎叶损伤。

收获的早迟和作业质量与薯块产量、干率、安全贮藏和加工等都有密切关系。甘薯块根是无性营养体，没有明显的成熟期，一般在当地平均气温降到 12~15℃，在晴天土壤湿度较低时，抓紧进行收获。先收种用薯，后收食用薯。薯块应随时入窖，有的地区应及时切晒加工。不论用机械还是人工刨挖，都要尽量减少漏收；同时要避免破伤薯块，否则易在贮存期间感染病害而导致腐烂。

（一）施肥

甘薯的根系发达，且茎蔓匍匐生长，茎节可遇土生根，吸肥能力很强。甘薯主要吸收氮、磷和钾肥，其需要量以钾最多，氮次之，磷居第三位。氮能促进甘薯茎叶生长，扩大光合作用面积，从而增加光合能力，直接增加茎叶产量。早施氮肥能促进甘薯早生快发，多分枝，茎叶快长，尽早封垄，为高产打好基础。如氮肥供应不足，则茎叶生长缓慢，叶面积小，颜色淡，植株生长不良，最终影响产量。但施用氮肥过量或过晚，则容易造成茎叶贪青疯长，结薯不良，影响产量。磷能加快甘薯养分的合成与运转，提高薯块品质，缺磷茎细叶小，叶片颜色暗绿没有光泽，老龄叶片出现黄斑，以后变紫脱落。钾能促进甘薯根部的形成层活动，从而使块根不断膨大，在生长中后期，钾肥能起到提高甘薯碳水化合物的合成和运转能力，促进块根膨大、增重和改善品质的作用。生长前期缺钾，植株节间短，叶片小，叶面不舒展；生长中后期钾素不足，茎叶生长缓慢，严重的叶片黄化。

据研究，甘薯生长期长、所需养分较多，每亩目标产量 3t 鲜薯，约需 15kg 纯氮（N）、12kg 五氧化二磷（P_2O_5）、24kg 氧化钾（K_2O）。总的施肥原则是平衡施肥，促控并重，掌握前期攻肥促苗旺，中期控苗不徒长，后期保尾防早衰，具体施肥原则是以有机肥为主，化肥为辅，以基肥为主，追肥为辅，追肥又以前期为主，后期为辅。一般来说，由于甘薯多种在沙壤土或瘠薄土地，所以，要注重早施重施，并多施有机肥和草木灰等，并且，施足基肥，早施苗肥，合理密植，可提早封垄以增强覆盖，减少水分蒸发，提高土壤含水量，从而提高甘薯产量。

推荐施肥方法：北方一般基肥重施农家肥，并配合适量含氮化肥，使生长前期以氮素代谢为主，后期以碳代谢为主。黄淮流域缺磷地区宜穴施或在中后期喷施磷酸二氢钾。

1. 苗肥

在犁耙地或起垄时，每亩施足火烧土等有机肥 1~3t，亩施磷肥 20~30kg。插薯苗前，可在垄心施尿素和复合肥，然后盖土，插或放薯苗，再盖土，这样比较省工，且薯苗既不接触肥料防止伤苗，苗期又能及早吸收肥料营养，早生快发。如备耕和插苗时未施肥，也可在植后 7~15d，当苗和叶直立回青，马上早施苗肥，一般可适当淋施人粪尿或施尿素和复合肥，一般亩施尿素 10kg 和 20kg 复合肥（15：15：15）。

2. 壮薯肥

种后 1 个月，重施壮薯肥，一般亩施尿素 15~20kg，氯化钾 20~30kg，可两边开沟施肥。有条件可在垄面适当撒施草木灰或火烧土。

3. 尾肥

种后 3 个月，看长势适施壮尾肥，迟熟品种或后期长势差的甘薯才考虑，一般不施。

（二）灌溉、除草、松土、培土、翻蔓

灌溉、除草、松土、培土优点：充足水分和通风透气有利甘薯高产优质，且可防治病虫害。当天气干旱蒸发量大，主要根据垄面干燥开裂来判断灌水，一般半个月灌一次水。灌水要灌透全垄，一般当水浸过垄的一半以上，观察水是否能逐渐湿润到垄顶即可，淋水喷水则要观察是否湿透垄。

等灌水后垄沟稍干不粘泥，即要除草、松土和培土，用松土盖好垄面裂缝，防止象鼻虫和茎螟等地下害虫钻入垄中蛀食块根和藤头，影响产量和品质。无论在灌水后还是不干旱灌水的甘薯全生长期，都可随时用畦沟泥盖好畦面裂缝，防治病虫害。

栽插前后，要适当浇水保活促长。在苗期封垄前，结合施肥，松土 1~2 次，切断地表毛细管，减少地表蒸发。当甘薯茎叶基本覆盖垄面后，则不要扯动薯藤，防止打乱茎叶的正常分布和损伤根系，影响光合作用和营养吸收，并可利用薯蔓的不定根吸收水分抗旱。

由于目前的甘薯新品种选育目标多是短蔓和茎蔓少发根的良种，所以，一般不提倡翻蔓。但在连续大雨后或连绵阴雨天，会引发甘薯茎蔓徒长和滋长新根，这会增加营养损耗，并且中后期的新根难结薯，就算成薯也小，应适当翻蔓控长和抑制茎蔓长根。翻蔓应是提蔓断根，轻放回原位，不可翻乱茎叶的原有正常分布，特别是茎叶反放，需较长时间才能恢复，会严重影响光合作用和产量。

（三）采收留种

甘薯播种后大概5~6个月可以收获肉质根块，晚熟品种则需要在10月下旬或是11月上旬收获。其中生食块根应该及早收获、及早销售，保证块根脆嫩多汁、香甜可口。而中晚熟品种由于不耐霜冻，需要在霜冻前收获。

五、病虫害防治

（一）病害防治

1. 甘薯黑斑病

甘薯黑斑病既能为害薯苗又能为害薯块。薯苗染病初期幼茎地下部分或茎基部产生梭形或长圆形稍凹陷的黑斑，逐渐向地上蔓延，继续扩大使幼苗茎基部全部变黑。病苗定植不久，叶片变黄，植株矮小，最后病株地下部分腐烂。薯块染病初期病部呈圆形或近圆形凹陷膏药状病斑，坚实且轮廓清晰，中部生灰色霉层或黑色毛状物，严重时病斑融合成不规则形。病菌深入薯肉下层，使薯肉变成黑绿色，味苦。病部木质化、坚硬、干腐。

防治甘薯黑斑病要注意以下3方面：①合理轮作，选择抗病能力强的优良品种，建立无病留种地。育苗前用多菌灵浸种5min处理好种薯，对于移栽前的幼苗可用甲基托布津浸苗10min，然后再定植。②加强田间管理，适时中耕保墒，合理追肥。在甘薯分枝结薯期适时喷洒营养液，可有效控制地表上层枝叶狂长，加速地下块茎膨大，增强甘薯抗病能力。③药剂防治，发病初期应喷施多菌灵或百菌清，7d喷1次，连续喷施2~3次。

2. 甘薯软腐病

甘薯软腐病是甘薯贮藏期较常见的病害。病害首先在伤口处发生，开始如水浸状，以后组织变成褐色，逐渐腐烂至整个薯块。薯皮破裂时流出黄褐色带酒香的汁液，皮变为灰白色。甘薯软腐病病菌大部分是从空气中传播，由伤口入侵甘薯块根，寄生性很强，可以在土壤、空气、病残体和薯窖中长期存活。在温度15~23℃，相对湿度75%~84%的条件下发病率最高。

甘薯软腐病主要以预防为主，尤其要提高收获、贮运过程质量，尽量防止机械损伤。其次在收获后立即入窖，利用窖内原来较高温度促进伤口愈合。或存放在温暖的室内，严防甘薯后期受冷、受冻。

（二）害虫防治

害虫防治应采用化学防治与生物防治相结合的方式。

对甘薯种植地块进行翻耕以及清理，及时去除病株，消灭害虫虫卵依附条件，从源头杜绝病虫害的发生。

甘薯种植区常见的害虫是小象甲、地老虎、蝼蛄、金针虫、叶甲等地下害虫，在甘薯生长前期可以用推荐杀虫剂防治。

地表害虫如斜纹夜蛾、甘薯天蛾及蚜虫等可以采用推荐杀虫剂喷雾防治。

第三节　收获与贮藏

一、收获

甘薯收获时间与其产量以及贮藏都有着直接的关系，当甘薯种植地区的气温降低到15℃以下时，选择土壤湿度较低的晴天收获。首先收获种用甘薯，食用甘薯可以较种用甘薯晚收几天，而商品用甘薯在收获以后应当及时地进行切晒等加工工作。同时在收获时，不论是人工收获，还是机械收获，都需要减少甘薯的漏收现象，并尽量避免破坏甘薯果实。

二、贮藏

北方地区贮藏甘薯的时间较南方地区更长，最高可以存放6个月之久，外界气候的变化对甘薯的贮藏也有重要的影响，甘薯本身具有较强的呼吸作用及生理变化，在贮藏期间容易出现腐烂的现象。收获甘薯时期的温度不应低于12℃，一般利用地下室进行甘薯贮藏，边收获边贮藏。甘薯入窖贮藏之前必须要对地窖进行消毒，贮藏时严格挑选甘薯，不可以将破皮、断裂等有问题的甘薯放入地窖中共同贮藏，以防止造成重大损失。

（一）选地挖窖

贮藏甘薯薯种的地窖应选择背风向阳、地势高燥的地方。窖型可根据贮种的多少来定。井窖：其特点是保温保湿，构造简单，节省物料，适宜地下水位较低和土层坚

实的地方建造。方法是先挖一圆井，井口直径 50～70cm，深 4～5m，井底直径 1～
1.5m。挖好后在井底向一边或两边挖储藏室 1～2 个。储藏室高 1.5～1.7m、宽 0.8～
1.2m、长 3～4m。井口周围筑高 30～50cm 的土墙，以防雨水流入。此窖的缺点是通风
较差，管理不太方便。"T"字形窖：适宜在地下水位高的地方建造。先南北方向挖一
走道，再在走道北头向两边挖"T"字形储藏室。深浅根据地下水位而定，一般深
2.5～3m，走道宽 1m、长 2m。储藏室的长短根据甘薯多少而定，一般长 4～5m，
宽 1.5m。

（二）适时收薯入窖

在严霜到来之前收获甘薯入窖。最好是当天收薯，当天入窖。薯堆内放好通气笼，
甘薯入窖应轻拿轻放，避免划伤。甘薯入窖量一般占窖容量的 2/3。甘薯入窖后井窖先
不盖棚，"丁"字形窖要立即盖好，同时留出通气孔。窖顶土要加厚到 0.5～1m；或开
始加厚 30cm，以后根据天气变冷情况逐渐加厚到 0.5～1m。

（三）储藏期管理

储藏期管理分 3 个阶段进行。第一阶段为入窖后的 1 个月，此期甘薯呼吸旺盛，
放出热量和水分较多，再加上天气暖和，窖内温度高，湿度大，所以要注意降温、散
湿和通气。当窖温下降到 12～13℃时可适当关闭气孔，将温度控制在 10～15℃。入窖
后 2 个月至立春为第二阶段，此期的重点是保温，窖温最低不得低于 10℃，应控制在
10～14℃。保温的措施主要是关闭气孔，或在薯堆上加盖稻草等材料保温。立春以后到
出窖为第三阶段，这时由于春风多、气候干燥，天气忽冷忽热，所以必须注意调节窖
内温度和湿度，将温度控制在 10～14℃，保持窖内相对湿度 70%左右为宜。

第十三章　黑豆种植技术

第一节　概　述

黑豆原产于中国，又称乌豆，与大豆同属豆科植物。我国黑豆资源丰富，品种类型多，仅栽培品种就有 2 800 份，分布地域广阔，从北到南的 28 个省（市）均有种植，其中东北地区产量最大。其适应性强，耐旱、耐瘠、耐盐碱，是药食兼用、发展具有中国特色黑色食品极为宝贵的资源。黑豆在各种黑色作物（如黑麦、黑玉米、黑谷子、黑芝麻、黑大米等）中分布最广，总产量也最大，是黑色食品的佼佼者。

黑豆营养丰富，具有高蛋白、低热量的特性，蛋白质含量高的可达 48% 以上，居豆类之首，素有"植物蛋白之王"的美誉。自古就有"大豆数种，惟黑入药"的记载，《本草纲目》中记载"豆有五色，各治五脏，唯黑豆属水性寒，可以入肾，治水、消胀、下气，治风热而活血解毒，常食用黑豆，可百病不生"。黑豆入肾功多，故能治水、消肿下气，治风热而活血解毒。现代医学认为，黑豆有补阴利尿、祛风活血、消肿解毒之功效。

黑豆有矮性或蔓性，株高 40~80cm，根部含根瘤菌极多，叶互生，3 出复叶，小叶卵形或椭圆形，花腋生，蝶形花冠，小花白色或紫色，种皮黑色，子叶有黄色或绿色。与其他大豆类相比较，黑豆在营养价值和药用价值方面都是比较理想的，而从农作物的轮作制度来看，黑豆的根瘤菌对于空气中的游离氮素能够起到良好的固定作用，也正是因为如此，是理想的烟草轮作作物。

第二节　栽培技术

一、选择优良品种

品种的优劣直接影响黑豆的品质与产量，研究表明，黑豆的种子不进行提纯复壮，2~3 年豆粒就会变小，因此必须进行种子选育，使用该品种固有特性的整齐一致的大粒种子用于生产，才能取得良好收成。剔除病斑粒、霉变粒、虫蚀粒、杂豆粒，选择大粒、种子呈球形和椭圆形以及种皮呈浅黑色，表面有浅白色粉状物覆盖的籽粒作为种子。

二、轮作倒茬

黑豆是一种不适宜进行连作的农作物，因此在种植田块的选择上，要选择上一茬没有播种过豆类作物的，一旦连作的话，不仅仅病虫病害会增多，而且也很容易由于养分的欠缺和有毒物质的积累最终导致品质的下降。

三、精心整地

等到前一茬的农作物收获完成之后，就要及时进行深耕，由于黑豆是旱地的作物，往往种植田地的土地条件不够理想、灌溉条件也相对有限，做好深耕细耙和基肥的深施工作尤为关键。此外，通过深施整地，能对土壤的物理性状起到一定的改善效果，还能有效增加疏松程度，保证土壤良好的蓄水能力和蓄肥能力，为黑豆的生长提供良好的土壤环境。深耕一般应该控制在 15~20cm。在播种前再进行浅耕，施入适量的基肥，主要以农家肥为主，配合施用磷肥和钾肥。

四、合理施肥

施肥并非剂量越大越好，而是要严格按照生长发育过程中不同阶段对肥料的不同需求进行科学施肥，无论是基肥，还是追肥，都要科学、合理、规范。尤其是在基肥的施用方面，一定要及时，一定要施足，而追肥则往往是在土壤肥力条件不理想、基肥不足、茎叶生长缓慢的时候，追肥可以是有机肥、复合肥，也可以是速效的氮肥、磷肥和钾肥，而苗期的施肥一般是在初花期或分枝期进行。

五、播种

播种主要包括良种的选择、种子的处理、适时的播种以及合适的播种方式等。在品种的选择方面，一定要立足当地的实际条件，尤其是土壤条件和气候条件，充分考虑到适应能力、生长周期以及抗病能力等相关因素；其次，在播种之前，最好是对种子进行必要的处理，选种要科学，不仅仅色泽和大小要一致，而且籽粒要饱满，没有损伤，没有病虫害；选好之后，进行晒种，有效增加种子内酶的活性和胚的活力，切实保证良好的发芽率。此外，选择合适的药剂进行拌种，效果也比较理想。在播种的时机方面，一定要适时播种，这对于能否真正实现黑豆的高产和优质是非常关键的，过早或者过晚的话，往往都会对产量产生某种程度的不良影响；而在播种的方式方面，常用的就是条播、点播、撒播和移栽，既可以是人工播种，也可以是机械播种。

（一）种子准备

用粒选机选种或人工精细挑选种子，剔除病粒、虫蛀粒、小粒、未熟粒、发霉粒及破瓣，除去混杂粒，精选纯度应达到98%以上。随机数取300~500粒种子，放入小布袋或干净毛巾内，用水浸泡3~6h，种子充分吸水膨胀后，放在20℃左右的温暖处，每天用净水冲洗一次，使种子保持湿润状态，5~7d后取出计算发芽率，要求发芽率达到95%以上。选择晴天，将种子铺在向阳处，翻晒1~2d，以提高发芽率，种子晒好后，在播种前，按每千克种子用钼酸铵2%稀释液、硫酸锌0.1%稀释液、硼砂0.5%稀释液，搅拌均匀。或用根瘤菌接种，每亩用0.25kg菌剂加适量水搅拌成糊状，均匀拌在种子上，拌种后24h内播完。注意接种后的种子不要再用杀菌剂，也不可进行日晒。

（二）播种操作

平作条播时运用播种机耧播，亩播种量4.6~6kg，播深3~4cm，开沟、下种、覆土同时进行，部分地区播种后可再耱1次。穴播时每穴点播4~5粒种子，穴距15~20cm。尽量使种子分散开来，覆土厚度5cm左右，覆土后脚踩镇压。水肥条件好的土地，植株生长高大繁茂，密度适当小些；相反，瘠薄地、旱地相对来说密度要大些。从品种特性来说，植株高大、分枝性强、枝叶繁茂的品种，种植密度略小些；而植株矮小、分枝较小的品种，密度就应该大一些。从播种期来说，播种期早，生育期长，个体繁茂，密度就不能过大；而播期推迟，生长期缩短，植株较矮，则应略增加密度。黑豆适宜的密度一般是每亩保苗2.2万~3万株。土壤贫瘠或品种分枝少的，每亩应保苗3万株以上。

（三）做好田间管理

田间管理包括定苗与苗期管理、中耕除草以及病虫害防治等。在定苗与苗期管理方面，黑豆一般在播种之后 5~7d 就会出苗，在这期间要对苗情进行经常性检查，一旦发现异常，及时进行补种处理。另外，还要做好定苗等相关处理，及时去除病苗、杂苗等，保证科学的田间密度，利于壮苗的培育。此外，田间中耕要勤，松土保墒，及时清除杂草，提高地表温度，总之，在出苗到开花期，进行中耕除草 2~4 次，遵循"先浅后深再浅"的基本原则，利于植株的健壮生长。

六、田间管理

（一）及时查苗补缺及间苗

对于缺苗断垄的地块必须及时移栽补苗或补种。选择苗稠的行段取苗。取苗前适当浇水，防止取苗时伤根。移苗器带土移栽。栽后将移栽苗周围土壤压实，同时浇水，以缩短缓苗时间。在移栽时需施少量化肥或在成活后施追苗肥。在缺苗严重而又没有余苗可补的情况下，可采取补种的办法。补种时如果土壤墒情不足，必须在缺苗处刨坑浇水点种，以利于早出苗。根据需要留苗密度确定适宜株距，间去弱苗、病苗、拥挤苗及苗间杂草。间苗比较费工，但却是一项必不可少的作业。

（二）中耕除草

黑豆生育期间，一般中耕 2~3 次。第 1 次要早，苗高 7~10cm 进行。第 2 次在苗高 15~20cm 时进行。第 3 次在开花前期结束中耕。最后 1 次要细心培土。中耕深度掌握先浅中深后浅的原则。灌水后 3~5d 或大雨过后及时中耕，防止土壤板结。

（三）摘心

在黑豆开花后 5~7d，人工摘除顶尖，可以控制植株徒长，防止贪青晚熟，减少养分消耗，促进营养物质向花、荚部转移。摘心一般能增产 10% 左右。如果有条件，可在摘心后第 2 天傍晚喷施 0.2% 磷酸二氢钾。

（四）增花保荚措施

1. 品种选择

根据当地气候特点和栽培方式，选择多花多荚的高产品种。同时这些高产品种还应具有能充分利用当地的光热资源，又能抵抗不良的气候因素干扰的性状。

2. 合理密植

根据品种特性和土壤肥力状况合理密植。采取缩垄、增行或等距点播等方式，创造良好的群体结构，使个体与群体得到协调发展。

3. 增施肥料

要特别重视农家优质有机肥和磷、钾肥的使用。氮磷钾肥合理搭配，满足花荚的营养需要。在黑豆生育期间，采取促控结合的措施，前期生长不良时，初花期应注意追肥或叶面喷肥；如果前期生长过旺，喷施生长调节剂抑制营养生长，防止贪青晚熟。

4. 做好灌溉和排水工作

前茬作物收获后立即灌水，以保证黑豆下种时墒情良好。苗期和分枝期，除非特别干旱，一般不必浇灌。花荚期遇到干旱，及时灌溉可增产10%~20%；严重干旱时灌溉可增产50%。开花盛期也是植物生长最茂盛的时期，水大、肥足，容易造成徒长而引起倒伏。特别是无限结荚习性的小黑豆类型，更应注意勤浇浅浇。另外，不可在夏日正午烈日高温下浇灌，此时井水温度偏低，河水温度偏高，对黑豆生长发育极为不利。鼓粒期灌水能增加百粒重，在持续干旱情况下，适量多次灌溉对提高黑豆产量和品质均有明显作用。夏播黑豆不必蹲苗，根据天气情况遇旱就要浇水，苗期浇水量要少些。低洼易涝地要注意排水。

5. 做好中耕除草及防治病虫害

病虫为害常是花荚脱落的直接原因，需做好防治工作。

6. 适时打顶化控

对无限结荚的黑豆来说，为抑制植株过度繁茂，当苗高30cm左右，长出5~6片本叶时摘心，使其顶端长势变缓，横向长势旺盛。当豆棵主茎长出第5分枝时及时摘除顶芽，促使分枝的生长，如控制下部早期大分枝出现旺长，可视植株长势亩用多效唑加水喷施。

七、病虫害防治

（一）病害防治

1. 大豆花叶病毒病

受花叶病毒感染的植株叶、荚、豆粒或全株变形。病荚畸形，主要特征是无毛。病粒粗糙无光泽。叶片症状表现有以下5种类型：轻花叶型，叶片有轻微淡黄色斑驳，抗病品种或生育后期感病的植株多有这种表现。皱缩花叶型，病叶黄绿相间而皱缩，叶脉褐色而弯曲，后期叶脉变赤褐色坏死；结荚稀少并弯曲无毛。芽枯型，病株茎尖变赤褐色且萎缩卷曲，最后枯死；一般在开花后期出现症状，发病急，蔓延快，严重矮化；结荚极少，多为畸形。矮化型，病株叶片皱缩，节间缩短，结荚少或为畸形荚。黄斑型，常与轻花叶型和皱缩花叶型混生；下部叶片出现黄色斑块，呈不规则形，叶色变褐。

目前生产上尚无有效农药可以大面积推广应用。根据大豆花叶病毒病的传播特点（种子带毒、田间蚜虫传播），可采取以下防治措施：选育和推广抗病品种，不同品种的抗病性有较大差异，宜优先选用较抗病毒病的品种；播种前严格选种，剔除带毒种子，带毒种子表面粗糙，无光泽，有褐斑；建立无病留种田，严格管理，彻底拔除病株并深埋；及时喷药防治蚜虫，特别是防治有翅蚜，这对切断田间传播途径十分重要。

2. 大豆细菌性斑点病

细菌性斑点病主要为害叶片，也侵染幼苗、叶柄、豆荚和种子。叶上病斑起初为褪绿小斑点，以后扩大为多角形或不规则形褐斑，病斑背面常溢出白色菌液。一般是植株下层叶片先发病，逐渐向上层叶片发展，病斑中央部分坏死，叶片干枯脱落。病株茎和荚上也生出红色小点，形状不规则，以后变为黑褐色。种子被侵染后，出现半圆形淡褐色斑点，斑点处凹陷，有明显痕迹。

防治方法：选用抗病和耐病品种；播前严格选种，剔除带病斑的种子，并用药剂处理；收获后及时处理带病植株，实行轮作，以减少病源；药剂防治。在发病初期，可用药剂防治。

3. 霜霉病

成株叶片上呈圆形或不规则形黄绿色斑点，以后逐渐变为褐色，散生或连生在一起。病叶背面有灰霉（病菌的孢子囊梗及孢子囊）。病斑连接成大斑块后，叶片干枯死亡。染病植株矮化。病粒表面附着有不规则形、灰白色的霜层，是病菌的菌丝和卵孢子。培育和推广抗病品种是最经济有效的防治方法。选用无病菌种子并进行种子消毒。深耕能深埋潜伏在残株落叶上越冬的病菌，减少翌年侵染源。实行 3 年以上轮作，同时前作不能选择带病菌的寄主作物。发病初期及时喷洒农药。

4. 锈病

主要侵染叶片、叶柄和茎。染病部位初为红褐色小斑点，后呈圆形或多角形。散生，夏孢子堆稍隆起，破裂后散出茶褐色粉末状夏孢子。严重时叶片变黄、枯焦、脱落。推广抗病品种是最经济有效的防治方法。因为大豆锈病的发生与温度、湿度、降水量等因素有关，部分发病严重的地区可通过改变种植方式减轻病害，如将秋播改为春播，即可避开适宜锈病流行的环境。调节播种期也可以减轻锈病发生。锈病寄生主要是大豆及其他豆科植物，应尽量避免重茬和迎茬，实行合理轮作。化学防治要在发病初期及时喷药。

5. 大豆孢囊线虫病

大豆孢囊线虫病在黑豆生育期间均可发生。侵染植株后主要为害根部，致使植株生长缓慢、矮小，新叶变黄。第 2 片复叶出现时，根部开始显囊。典型症状：根上生有白色或米黄色球状小孢囊，为线虫的雌虫。成熟的孢囊为深褐色或黑色。植株受害严重时，侧根脱落，荚和种子变小或不结荚，甚至整株死亡。

黑豆品种之间对孢囊线虫的抗性有明显差别，种植抗病品种是最简便有效的方法。种植抗病品种不仅当年不发病，第 2 年土壤中孢囊线虫也可减少 75%，连续种植 2 年，孢囊线虫可减少 80% 以上。实行轮作，避免重茬、迎茬，也可减少病害。孢囊线虫需要良好的通气环境，通过灌溉，增加土壤湿度，可使孢囊线虫窒死，减轻为害；同时灌水还可以促进作物根系重新发育，使病株恢复正常生长。利用诱捕植物也可以达到防治孢囊线虫病的目的。线虫在猪屎豆、柽麻等豆科植物中不能形成孢囊，也不能繁殖，以这些作物为前作，可减轻孢囊线虫病发生。化学防治也有较好的防治效果，但一般为高毒制剂，应尽量避免使用。

（二）虫害防治

1. 蚜虫

（1）农业防治　及时铲除田边、沟边、塘边杂草，减少虫源。

（2）化学防治　蚜虫发生量大，农业防治和天敌不能控制时，要在苗期或蚜虫盛发前防治。当有蚜株率达 10% 或平均每株有虫 3~5 头，即应开展防治。由于蚜虫易产生抗药性，应注意药剂的轮换使用。

2. 食心虫

（1）农业防治　作物采收后，及时清除田间枯株落叶，集中起来焚烧处理，减少虫源基数和越冬幼虫数。

（2）人工捕杀　在害虫发生初期，查摘豆株上卷叶，带出田外集中处理或随手捏杀卷叶内的幼虫。

（3）化学防治　在各代发生期，查见豆株有 1%~2% 的植株有卷叶为害状时（此时为卵孵始盛期）开始防治，每隔 7~10d 喷施药剂防治 1 次，连续防治 2~3 次。

第三节　收获与贮藏

待豆荚晾晒到半干、豆棵叶片脱落达到95%以上时，用收割机进行收获，收获后将收获的黑豆籽再进行晾晒，晒干为止。收获要及时，收获太早的话，由于籽粒没有完全变黑会影响产量和品质，收获太晚的话，同样不易于高产栽培的实现，为此收获最好是在黄熟末期进行，而且最好是在上午进行。在贮存方面，一定要进行充分的晾晒，等到含水量合适的时候，再进行入库贮藏，而且贮藏的温度也要合适。

当黑豆成熟时表现为外观叶片脱落，籽粒变成黑色，籽粒与荚壁脱离，用手摇动植株有响声，即可收获。收获过晚可出现炸粒。收获时要选择上午进行，不宜在正午采收，以防炸粒。收获后要及时脱粒，进行充分晾晒，使籽粒含水量降低到12%左右时入库贮藏，库内要保持通风、干燥，不要将黑豆直接放于潮湿的地面上以防发霉。

第十四章　花生种植技术

第一节　概　述

花生又叫落花生、长生果，是我国重要的油料及经济作物。花生的适应范围广，抗干旱气候、耐瘠薄土壤，种植的成本相对于其他作物低，具有省工、效益高等优点。花生的营养价值丰富，含有丰富的蛋白质（25%~36%）、维生素、脂肪（40%左右）、不饱和脂肪酸，以及微量元素及矿物质等，具有降胆固醇、防治高血压等功效；以花生籽仁为原材料榨取的花生油中含有不饱和脂肪酸超过80%，其中含油酸、亚油酸分别为41.2%、37.6%；花生榨油之后的饼粕中也含有丰富的营养物质，可以作为精饲料用于畜牧、水产行业中。

花生是一年生草本植物，从插种到开花只用一个月左右的时间，而花期却长达2个多月。它的花单生或簇生于叶腋。单生在分枝顶端的花，只开花不结果，是不孕花。生于分枝下端的是可孕花。每株花生开花，少则一二百朵，多则上千朵。花生开花授粉后，子房基部柄的分生组织细胞迅速分裂，使子房柄不断伸长，从枯萎的花萼管内长出一条果针，果针迅速纵向伸长，它先向上生长，几天后，子房柄下垂于地面。在延伸过程中，子房柄表皮细胞木质化，逐渐形成一顶硬膜，保护幼嫩的果针入土。当果针入土达2~8cm时，子房开始横卧，肥大变白，体表生出密密的茸毛，可以直接吸收水分和各种无机盐等，供自己生长发育所需。靠近子房柄的第一颗种子首先形成，相继形成第二、第三颗。表皮逐渐皱缩，荚果逐渐成熟。地上开花、地下结果是花生所固有的一种遗传特性，也是对特殊环境长期适应的结果。花生结果时，喜黑暗、湿润和机械刺激的生态环境，这些因素已成为荚果生长发育必不可少的条件。所以，为了生存和繁衍，它只能把子房伸入土壤中。

淄博花生常年种植面积在20万亩左右，是继玉米、小麦之后的第三大农作物。淄博地处鲁中山区腹地，光热资源充足，具有花生生产的自然条件和地理优势，多采用早春时节播种的春花生种植方式。地膜覆盖栽培技术是花生高产的一项有效措施，也是提高花生品质、增加经济效益的有效技术途径，平均亩增产 20% 以上，该技术早在 20 世纪 80 年代就已经在全市推广，目前该种植方式占全市花生种植总面积的 70% 以上。

第二节　栽培技术

一、播前准备

（一）土壤选择

宜选择 3 年以上没有种过花生的地块。由于花生是地上开花、地下结果的作物，这种特性决定适宜花生生长的土壤性质如下：土层 50cm 以上，耕层 30cm 左右，保证 10cm 左右的土层土质疏松、透气。土壤应排灌水方便、保水保肥力强、pH 值为 6~7。

（二）整地

整地是花生丰产的重要基础，整地后土壤要达到花生生长的要求。整地的同时要结合施基肥，将所有需要的磷肥、钾肥及有机肥施入土壤中。一般每亩可施优质腐熟的有机肥 4 000~4 500kg、尿素 40kg、过磷酸钙 70kg、硫酸钾 25kg 或草木灰 140kg。在冬前，前茬作物收获后要及时冬耕翻晒，早春土壤解冻后，及时耕地，做到精细整地，结合施肥，而后耙平，要求地面平整。

（三）种子准备

因地制宜地选择适合本地区的花生品种，选择饱满的双仁果。晒种：播前进行晒种，以增加种子的熟性，并打破休眠，同时利于种子内养分的转化，提高种子生活力，促进种子萌发，同时还可以起到杀菌作用。选用秋花生，秋花生种子所含脂肪较春花生种子少，而含亲水性的淀粉和蛋白质较春花生种子多，播种后比春花生种子吸水快，呼吸强度大，加快发芽进程。而且秋花生种子贮藏期间气温较低；贮藏期短，种子不易变质，带菌率也较低，发芽率和抗菌力均较强，出苗率较高。带壳播种，花生带壳播种后，花生壳烂在地里，既增加了根部营养，又能改良花生根部土壤的通气条件，有利于保持水分。带壳播种的齐苗期比不带壳播种的提早 3~5d，且苗粗、苗壮、叶色青绿，后期青叶多，坐果率高，荚果饱满，且结荚集中，收获容易，土中遗落籽粒少。

（四）品种选择

选用通过审定推广的抗逆性强、适应性广、适合本地早春种植的优良品种。种子质量标准应符合《经济作物种子第2部分：油料类》（GB 4407.2—2008）的要求。

（五）晒种

选择晴天10—16时，把带壳种子铺开，厚度5cm左右，连续晒3d。

（六）剥壳与选种

在播种前5~10d剥壳为宜。剔除病虫感染、霉变、破损及瘦小的种子。剥壳后要分级粒选，选出籽仁整齐，饱满粒大，发芽率高的一、二级种子，以备分级播种。

（七）拌种与晾干

用杀菌剂与杀虫剂拌种，可有效防治地下害虫及花生土传病害。种子经过拌种处理后，在阴凉处晾干。

（八）浸种催芽

这是保全苗的重要环节。催芽能够解决早播与低温烂种的问题。将种子置于40℃的温水中浸泡3~4h，捞出后上面覆盖塑料薄膜，于25~30℃的温度下经过24h即可出芽以备播种。

二、播种

花生在播种期内应尽量早播，播期越早，生育期越长，籽粒也越饱满，产量相应提高，因此要抢时抢墒播种，这是实现花生高产优质的重要因素之一。播期的确定要保证一次播种苗全，另外花生的生长发育时期要契合适宜的田间时期，以利于调节好花生营养生长和生殖生长的关系；要合理密植，这也是一项花生高产的关键技术措施，一般采用宽行窄株的栽培方法；通常花生的适宜播种深度为5cm，露地栽培的花生播种最深不能超过7cm，最浅的也不能低于3cm；播种后进行镇压，镇压可以保墒，同时可使种子与土壤紧密接触，以达到水分上升的土壤中下层，给种子创造一个湿润适宜的环境。

（一）播期

地膜春花生一般在膜内 5cm 地温稳定通过 15℃为适宜播期，正常的具体时期为 4 月 20—30 日。

（二）墒情

播种时，要做到足墒下种，力争一次播种保全苗。

（三）播量

每亩播种花生 8 000 ~ 10 000 穴，每穴 2 粒。每亩备种一般不少于 24kg。

（四）播深

播种深度以 4 ~ 6cm 为宜。

（五）播种形式

采用垄距 85 ~ 90cm、垄高 10cm 的大垄形式，垄面宽 50 ~ 55cm，每垄垄面种植 2 行，小行距 30 ~ 35cm，株距 15 ~ 16cm。

（六）密度

整体原则应灵活适用。按照肥地宜稀，每亩 8 000 ~ 9 000 穴；瘦地宜密，每亩 10 000穴左右的原则。大粒型花生密度以每亩 8 000穴为宜，小粒型花生以每亩 10 000穴为宜。

三、施肥

花生应该施足基肥，如果花生能够一次性施好基肥，可以少追肥甚至可以不追肥。如果后期追施氮肥过多，将导致花生徒长，影响产量；追施钾肥过多，易造成烂果；肥效缓慢的磷肥更应该作为基肥施入土壤中。

推广测土施肥，测土施肥是现代化农业技术中重要的组成部分，主要是以土壤测试和肥料田间试验为基础，根据农作物的生长需求提供适当种类、适量的肥料，在保障农作物生长的基础上降低多余肥料对于土壤和生产成本造成的压力。通俗来讲就是缺什么补什么，需要什么营养元素就施加什么营养元素，需要多少营养元素就施加多少营养元素，有效节约农作物生产成本，改善土壤营养压力。

（一）选择种植地

花生属于一年生草本植物，在地下进行结荚，对种植地有一定的要求，根系生长空间较为充足的沙土、砂砾土、沙壤土比较适合种植花生作物；由于花生种子的发芽需要较高的温度，因此需要墒足的土壤进行浅播种植，提高花生作物生长效率。因此，种植花生应当选择土质疏松、通透性较好、易于排涝、农药残留量较少、周围无污染源的土地，以便花生作物的健康生长；在进行花生种植前，需要在前一年秋季进行土壤深翻，加深土壤空间，为翌年花生种植准备腐熟、水分充足的土壤；在正式种植花生前，需要将土地耙细整平，挖好排水沟，保证花生植株生长配套适量而不过量的水分。

（二）测土平衡施肥

测土施肥标准化栽培技术主要有 5 个核心环节，分别是测土、配方、配肥、供应和施肥，其中测土是栽培技术的重要基础，是后续配方、配肥等环节的必备前提。

1. 测土

通过土壤检测化验，能够快速明确土壤中的营养元素种类、既有量、比例等数据，配合花生植株生长各阶段对营养元素的需求计算出土壤的需肥量和需要营养元素种类，从而为科学配方、配肥提供基础数据。

2. 配方、配肥

根据土壤的养分状况和花生植株生长需要的营养元素种类、量，计算并开列相应的肥料配方，制定施肥方案。

3. 施加肥料

按照施肥方案施肥，保证花生生长的正常需求，降低农业生产对肥料的施加量，降低花生种植资源成本和劳动成本，减轻过量肥料和农药对于土壤产生的压力，利于改善土壤生态环境。正常情况下，在播种前，每亩花生种子需要用 2～3kg 的钼酸铵进行拌种；在种子萌发后，用 0.3～0.6kg 硼砂、2kg 硫酸锌、1.5kg 硫酸锰进行出苗期追肥；花生在直播阶段，需要 6～9kg 氮肥、3～4kg 磷肥、3～4kg 钾肥作为基础生长支持，其中 30% 的肥料需要作为基肥使用，剩余 70% 的肥料在播种后第 25～30 天使用；在花生植株初始开花时期，需要用 0.1%～0.2% 的硫酸亚铁溶液进行根部喷施，保证花生植株的正常生长、开花、结实，保证花生亩产量和质量。

4. 施肥方法

（1）苗期追肥　若土壤肥力较低、基肥用量不足，会导致幼苗生长不良时，应早追施苗肥、促进早发。苗期追肥应在始花期前施用，以氮肥为主，配合相应磷肥、钾肥。一般每亩施氮肥 4~5kg 或复合肥 15~20kg，撒施或开沟条施。

（2）花针期追肥 花生始花后，植株生长旺盛，有效花大量开放，大批果针陆续入土，对养分的需求量急剧增加。如果基肥、苗肥不足，则应根据花生长势长相，及时开展追肥。但此时花生根瘤菌固氮能力较强，固氮量基本可满足自身需要，而对磷肥、钙肥、钾肥需求迫切，因此氮肥用量不宜过多，以追施补充磷肥、钾肥、钙肥为主，以免引起徒长。一般每亩施过磷酸钙 20kg，优质圈肥 250kg，以改善花生磷、钾、钙元素，该操作增产效果较为显著。

（3）叶面喷肥 花生叶面喷肥，具有吸收利用率高、省肥、增产显著的效果。特别是花生生长发育后期，根系衰老，叶面喷肥效果更为明显。叶面喷施氮肥，花生的吸收利用率可达到 50%。叶面喷施磷肥，可以很快运转到荚果，促进荚果充实饱满。

四、田间管理

（一）出苗期

花生种子萌发出苗后需要及时进行灭茬、清棵，促进花生苗第一对侧枝的生长，在出苗期间，应避免进行水分补充的操作，此时期花生种子萌发出苗主要依靠土壤自身水分和湿度，切断外界水分补充可以有效避免花生苗的徒长。花生出苗后及时检查出苗情况，缺苗的地方及时补苗，此项工作一定要在出苗后的 3~5d 结束，以确保苗齐、苗全。

（二）生长期

1. 控苗

花生生长前期在雨水较多时，易造成花生的徒长，因此一定要注意控苗。花生结荚前期即花生开花后的 40~50d、植株高约 30cm 时，应及时叶面喷施生长调节剂，使植株矮化，以避免徒长倒伏。根据生长情况，可间隔 10d 左右再喷 1 次，将植株高度控制在 30~40cm。

2. 中耕培土

花生开始开花后，生长旺盛，大量花针陆续入土，在花针下扎前，应该及时进行中耕培土 2~3 次，或者仅开展中耕，同时压低分枝，使其接触地面，以利花针有效入土。培土时可结合追肥同时进行。

（三）花果期

花生植株花果期的田间管理重点在于防早衰和防内涝，可通过根外追肥和叶面喷洒的形式进行营养物质补充，叶面喷洒主要以磷酸二氢钾和尿素溶液为主，将 0.5% 的磷酸二氢钾和 1% 的尿素溶液混合液喷洒至植株叶面，可以有效避免花生植株的早衰问题，但混合液的喷洒必须控制在收获前 30~35d，并且需要时刻注意该时期可能出现的阴雨天气，及时调整喷洒时间；内涝问题的解决主要依靠种植土地的排水沟，若在排水沟正常运转的前提下仍然发生内涝现象，可以通过增加排涝沟或者在远离花生植株根部的位置使用吸湿剂，从而达到尽可能控制花生种植土地内水分的目的，避免影响花生植株的正常生长。

（四）化学除草

除草剂要在春花生播种后覆膜前施用为宜。每亩用推荐药剂兑水均匀喷雾，封闭土壤。喷完除草剂后要及时盖膜，膜要铺平、拉紧、压严，防止大风。

（五）通风放苗

在地膜春花生出苗阶段，要及时检查，做到及时助苗出土，通风放苗。对于先播后覆膜的地块，发现拱土出苗时，要及时破膜助其出土，以免造成膜内高温发生烤苗；对于先覆膜后播种地块，易形成硬块，影响出苗，要及时弄碎硬盖，助苗露出地面。同时结合助苗出土进行清棵，露出子叶，以免造成膜内高温发生烤苗；对于先覆膜后播种地块，易形成硬块，影响出苗，要及时弄碎硬盖，助苗露出地面。同时结合助苗出土，进行清棵，露出子叶，以促进第一对侧枝发育和根系生长，提早花芽分化。

（六）防止徒长

主要指旺长花生。方法：在地膜春花生模式下，针对后期结荚前期发生徒长时，用多效唑兑水喷雾，可起到控上促下防倒伏的作用。要严格按照调节剂使用说明施用，于 10 时前或 15 时后进行叶面喷施。喷施过少，不能起到控旺的作用；喷施过多，会造成植株叶片早衰而减产。

（七）防止早衰

为了防止地膜春花生中后期因肥料不足而造成早衰，可采用叶面喷肥的有效措施。方法：在生育中期或中后期，每亩用 0.2%~0.3% 磷酸二氢钾和 1%~2% 尿素的混合液

30kg进行根外喷施，每隔7~10d喷1次，喷2~3次，防止早衰。

（八）水分管理

花生属耐旱作物，但需水量较大。花生的需水量，随生育阶段及外界环境的不同而不同，总趋势是两头少、中间多，即幼苗期、饱果期需水较少，开花至结荚期需水较多。生育初期（苗期）一般不需浇水。生育中期（花针期和结荚期）是对水分反应最敏感的时期，也是需水量最多的时期，要注意土壤水分和植株生长状况，遇旱及时浇水。生育后期（饱果期）遇旱应及时小水轻浇润灌，防止植株早衰及黄曲霉素污染。灌水不宜在高温时段进行，避免引起烂果。夏季高温多雨季节，要注意及时排水防涝。

1. 灌溉时期

影响夏花生产量形成的关键时期是开花前。通过试验发现，虽然开花期进行灌溉也能保证开花下针的水分需求，但将灌溉时期提到开花前将更有利于集中开花授粉下针，避免了开花期灌溉造成地温下降、水分增加，从而引起短时期偏营养生长、开花延续时间长等问题。

2. 灌溉方式

（1）隔垄漫灌 隔垄漫灌对起垄质量、地面平整度和垄长要求较高，不太适合大面积灌溉。

（2）微喷灌 微喷灌在覆膜的条件下，大多数的水分喷在膜外，利用程度不高。

（3）膜下滴灌 膜下滴灌可以精准地进行灌溉，且田间劳动力少，水分集中在根系周围，水分浪费少，利用率高。所以，灌溉方法首推膜下滴灌，其次是微喷灌。

3. 灌溉水量

（1）膜下滴灌水量 水分在根系周围呈网兜状分布，只要水分下渗15~20cm，即达到了灌溉要求，一般用水量10~15m³/亩，垄沟内管理不受影响。

（2）微喷灌水量 同样要求通过植株茎秆流入和垄沟两侧渗入的水分覆盖根系，一般用水量20~30m³/亩，垄沟内存水较多。

（3）隔垄漫灌水量 根据地面平整度和垄的高度确定，必要时可将水龙带铺在垄沟内，边灌边撒水龙带的方式，一般用水量35~45m³/亩。

（九）适期收获

从外观上看，地上部茎叶由绿转黄，下部叶片脱落，70%以上荚果果壳硬化、网纹清晰、果皮内部出现黑褐色斑点，籽仁充实饱满，种皮色泽鲜艳，是适宜收获期。

五、病虫害防治

在花生的各个生长阶段，如果管理科学合理，会有效降低田间花生患病的概率。即使遭遇较为恶劣天气因素的影响也会存在一定的抵抗性。比如花生可以体现出一定的抗倒伏特性，从而保证了花生的健康成长。只要花生能够健康成长，那么产量就会得到有力的保证。

（一）病害防治

1. 叶斑病

叶斑病主要包括黑斑病和花斑病，患病植株多见于花期、荚果膨大期，花生生长中后期是发病高峰期。叶片是这种病害的主要染病部位，患病严重时还会威胁到茎秆、叶柄及托叶。在花生发病初期，一般叶片上会出现一些黄褐色小斑点，随着病情的加重，斑点逐渐扩大。防治技术：可选择耐病性较强的品种，如海花1号、豫花1号等。7—8月是防治这种病害的重要时期。花生发病初期，可使用代森锌或多菌灵喷施田块，10~15d喷药1次，防治效果良好。在喷药时可以加入一定量的黏着剂，加强药剂成分在叶面的黏着力，这主要是因为花生叶面较为光滑，加入黏着剂后防治效果会更好。

2. 青枯病

青枯病病菌的主要来源为土壤中的越冬病菌，根部是最主要的侵染部分，往往会在植株开花前期发病，发病高峰期为盛花期。一旦花生感染青枯病，花生植株可在很短的时间内迅速枯死。这种病害贯穿于整个花生的生长期，患病花生初期根部会变色软腐，与此同时，花生维管束组织会逐渐变成深褐色，还会在短时间内扩展至植株顶部。如果横切患病花生病部，同时用双手挤压病部，发现会流出浑浊、乳白色的细菌液。感染青枯病的花生主要表现在茎顶梢第一、第二片叶，叶片会大量失水萎蔫，之后整株花生都会因为失水萎蔫，叶色暗淡，但是叶片仍呈绿色。实践证明，从侵染青枯病到植株枯死只需7~15d。防治技术：选用抗病品种是最经济、最有效的方法，但是不同品种的抗病性会因为种植土壤和种植环境的差异而表现不同，所以在进行大面积种植前必须做好试点试验。有效防治青枯病，轮作倒茬是一种非常有效的方法，但是轮作时必须全面考虑好田块的安排，一般使用水旱轮作或是与玉米、甘薯等轮作的方式较为适宜。

3. 白绢病

白绢病是一种典型的土传真菌性病害，植株感染白绢病的病害特征主要表现在果柄、荚果及茎部。如果土壤湿度较大，可以清楚地看到白色绢丝状菌丝覆盖在整个植株四周及病部，随着患病程度的不断加深，之后病株会产生犹如油菜籽状白色小菌核，并逐渐由黄色变成黑褐色。如果植株根茎部组织感染了白绢病，其病部就会呈纤维状，最后整个植株会因为干枯而死亡。防治技术：第一，可以进行深翻改土，进一步加强田间管理。与此同时，需要在花生收获之前采取有效措施进一步清理病残体，等待花生全部收获之后对土壤进行深翻处理，从而有效地减少田间越冬菌源。第二，采用轮作倒茬的方式，与玉米、甘薯等作物进行轮作。第三，为进一步增强土壤肥力，适当增施有机肥，使用腐熟的有机肥或是酵素菌沤制的堆肥等，可有效提升土壤肥力和改善土壤通透性。第四，适期播种，切实有效地防止花生种子留土时间过长，以免导致大大增加病菌侵染时间而加大白绢病发生率。在苗期必须加强清棵蹲苗，从整体上提升植株的抗病力。第五，选用抗病性较强的种子，同时可使用多菌灵进行拌种处理。第六，种植人员需在花生结荚初期对其喷施化学药剂。

4. 茎腐病

花生茎腐病发生严重时，发病面积高达80%，一般发病率为60%～70%。植株患茎腐病严重时，整个植株苗期呈黑褐色干腐状，之后患病部位沿着叶柄不断扩展至茎基部。与此同时，病株呈黄褐色，伴有水浸状病斑出现，最后整个植株呈黑褐色腐烂。在花生茎腐病发病后期，会在植株主侧枝或茎基部出现黄褐色、水浸状病斑，随着病情的发展逐渐变为黑褐色，植株地下部分会慢慢枯死。潮湿环境下病部会密生黑色小粒，同时存在病株荚果果实不饱满或是出现腐烂情况。防治技术：第一，种植人员需选择抗病品种或是无病种子，还要采用轮作换茬措施。针对部分发病轻病地块，可以将其同非寄主农作物进行轮作，轮作周期为一两年；对于重病地块，可同禾谷类作物轮作，轮作周期为三四年。另外，必须做好田间开沟排水工作，而且需对花生增施有机肥或是磷钾肥料。需要注意的是，不能使用混有病残的土杂肥。第二，在播种之前用多菌灵拌种，或是使用多菌灵溶液浸泡种子，之后再进行播种，可有效预防花生茎腐病。在植株发病初期，可用化学药剂对病株进行喷施，7d喷施1次，共喷施2～3次。

5. 根腐病

在苗期生长过程中，患病植株的叶子呈黑褐色，同时呈现出干腐状。随着患病时间的增长，从最初子叶患病部位会逐渐沿着叶柄朝着植株根茎方向扩散，并且根茎处会出现黄褐色水浸状病斑。随着病情的发展，整个植株会变成黑褐色，全部枯萎死亡。根腐病主要是从表皮或是伤口处侵染，灌溉水和雨水是这种病菌传染的主要途径。另外，还会通过农具进行再次或是初次侵染，大雨后或是湿度大的天气下会进一步加重病情。防治技术：第一，在种植花生之前需选抗病性强、无病、品质优良的花生种。

其次，整地改土，对种植地增施有机肥，采用轮作倒茬种植方法。再次，在花生种植之前，药剂拌种，预防根腐病的发生。最后，针对一些患有根腐病的地块，可以对花生基部喷淋多菌灵药液，通常 7d 喷淋 1 次，连喷 2~3 次。

6. 锈病

病症从叶底开始出现，呈现针头大小黄色病斑，仔细观察会发现叶片上存在较小的黄色晕圈，如果用手将叶片撕开，叶片会散发出铁锈色粉末，植株患病严重时会出现整个叶片发黄、干枯脱落的情况。防治技术：选用抗病品种或是无病种子，并加强田间管理，对种植地增施钾肥、磷肥及有机肥。全面做好防旱排涝工作，从整体上提升植株的抗病能力。一旦发现田块病株率在 15% 以上，需使用防治药剂对花生地进行喷洒，10d 喷 1 次。

（二）绿色防控技术

花生绿色防控技术中，一般采用无毒高脂农用膜进行覆盖，并将化学药物洒在土壤中，阻止病虫害的发生。利用物理防治和生物防治是花生病虫害防治最有效、安全的方法。可以运用好自然界的生物链，保护病虫天敌。

六、地膜花生栽培技术

地膜花生高产栽培属于一种高产高效的种植方式，同露地种植方式相比，不但成熟期提前 20d 左右，还可取得显著增产效果。同时地膜覆盖还能起到抗旱保墒的作用。

由于地膜花生高产栽培在生长发育期间既不能揭膜，也不能进行除草处理，因此，对整地和施肥操作有极高的要求。在整地时要达到厢面平整、土质疏松的效果。花生在生长发育期间，对磷元素和钾元素的需求量非常大，由于不能中途揭膜，因此需要一次性施足底肥。在底肥中要加入适量的速效氮肥，以起到促苗快发的作用。每亩施 800~900kg 土杂肥，在最后一次耕耙时每亩施加 5kg 尿素、40~50kg 钙镁磷肥。为满足花生生长对钙元素的需求，每亩还要施加 20~30kg 石灰作为底肥。

目前在地膜花生高产栽培中选择高质量的覆膜，避免发生损坏，选择较高厚度地膜，幅度不小于 2m 进行覆盖，花生播种和施药完成后要立即进行覆膜操作，地膜要紧贴厢面，四周用泥土压实，避免风大发生翻膜现象。加强田间管理，促使幼苗均衡生长研究表明，当地地膜花生栽培 10~12d，幼苗就会出土，此阶段外界气温不断提升，膜内气温最高可到 45℃ 以上，需要进行破膜漏苗操作，否则会烧毁花生苗。因此，在这一阶段需要每天检查，如果发现幼苗出土，及时划破覆膜，以便花生苗可以顺利生长。在花生生长初期、下针期、饱果期可采用 0.2% 的磷酸二氢钾进行追肥，如果茎叶生长比较旺盛则要用多效唑溶液进行跟外喷洒，以达到抑制茎叶生长的目的，为花生果实的成形提供足够的养分。

第三节　收获与贮藏

收获、干燥与贮藏是花生田间生产最后的工作。一般植株由绿变黄、大部分荚果饱满成熟时，就要及时收获。收获后要晾晒、烘干干燥。严格控制贮藏条件，防止害虫损失并避免黄曲霉毒素等污染的发生。

一、采收

（一）判断成熟度

花生果实成熟的时间不太一致。可以根据不同的花生品种特性和商品用途灵活掌握。一般集中在每年的8—10月。4月上旬播种的花生，在8月20日前后可以采收。当花生在土里生长成熟时，植株中下部的叶片就转黄色，并且脱落。拨开土层之后，可以看到花生的果壳硬化。剥开荚果，内壁颜色若已由白色转变成褐色，说明花生已成熟。成熟的花生果，看起来颗粒饱满、光润，此时即可准备采收。

（二）采收

以花生联合收获机最为简单省事，但要求起垄播种，植株直立无倒伏，收获时土壤疏松，茎秆强韧，结果集中。首先对准花生行，调整挖掘深度15cm左右为宜，以确保挖掘、抖土与摘果工作一次性完成，要求作业损失率低于3%，破碎率低于1%，摘净率在98%以上，清洁度达98%以上。采收的日子要选择在晴天。采收方法可以根据当地的实际情况和种植面积的大小而确定，可以用人工或机械拔收。种植花生一般都是在沙土地，如果面积不大，就采用人工拔收。操作时，只要拽紧植株，就可将花生连根拔除。把花生齐头放在一起。摘果之后，要把晒场好好地打扫干净，尤其不能有土粒、石块儿这些东西。然后将花生铺在晒场上，再继续晾晒。晒场选择宽大的水泥地，或者是石板地面作晒场都可。对花生进行及时充分的干燥非常重要，否则会发热生霉。晾晒时，要及时使用耙子进行人工翻动。每天翻晒4~6次为好。晾晒的时间根据天气情况不同而有差异。如果气温达到25~27℃，一般需晾晒5d左右。遇到下雨天要及时遮盖、收藏。晒干的感观标准：轻搓能脱皮，咬之易断。晒干以后，需经人工挑选一遍。将秕果、变色果、病虫果挑拣出来，另作处理。

二、贮藏

花生果实有果壳保护，可以晒（烘）干，利用低温季节进行密封储藏保管，有利于安全储藏；但不利的影响是花生仁皮薄，阳光暴晒时易裂皮变色，烘干时易发生焦斑，储藏时囤垛内积累的二氧化碳和发热时的热量不易散发，易走油酸败，稳定性较差。根据花生果储藏保管的特点，应采取相应的措施，确保其安全储藏。花生果在仓内散存或露天散存均可，要求水分控制在 10% 以内。

（一）包装堆码存放

花生贮藏最好不要用塑料袋包装，不宜散堆存放。堆放时必须铺设垫木，以利隔潮通风。堆放高度最好不超过 5 层（包）。同时，堆码排列应与库房同一方向，花生包距离仓库墙壁 0.5m，堆与堆之间留出 0.6m 的通道，以利通风，便于操作管理。

（二）注意通风降温

花生贮藏期间因自身新陈代谢作用会发热。花生油分高，导热性不良，还会因外界温度上升而随之上升，甚至有堆外温度下降而堆内温度反而上升的现象。当堆温达 25℃、荚果水分达到 10% 以上时，便会发热霉变，发生脂肪酸败，导致出油率降低，食油品质变劣。因此，花生储藏期间要根据气温、空气湿度变化情况，及时进行检查，并按照检查结果，开关门、窗调节温度，使花生堆温控制在 15 ～ 20℃ 的安全贮藏范围内。

第十五章　谷子种植技术

第一节　概　述

谷子属禾本科狗尾草属，发源于8 700多年前我国的黄河流域，古称稷、粟，亦称粱。一年生草本；秆粗壮、分蘖少，狭长披针形叶片，有明显的中脉和小脉，具有细毛；穗状圆锥花序；穗长20~30cm；小穗成簇聚生在三级支梗上，小穗基本有刺毛。每穗结实数百至上千粒，籽实极小，直径约0.1cm，谷穗一般成熟后金黄色，卵圆形籽实，粒小多为黄色。去皮后俗称小米。品种很多，如黏米、黄小米、珍珠米、稗小米、小粒小米等。谷子性喜高温，生育期适温22~30℃，海拔1 000m以下均适合栽培，属于耐旱稳产作物。谷子的生育期80~130d，具有耐旱、贫瘠土壤和耐储藏的优势。世界种植谷子约250万hm²，其中中国占80%，印度种植面积位列第二，其余地方极少量种植，中国现有23个省（区）种植谷子，其中西北地区的陕西、山西、甘肃、宁夏、内蒙古5省（区）占全国的15.6%，华北地区的河北、山东、河南三省占64.3%，东北三省占13.9%。全国不同产区谷子的亩产量差别很大，近年来价格波动幅度较大。

谷子在中国种植历史悠久，曾经是主要的粮食作物，因为产量低于小麦、水稻而属于杂粮，但是谷子相比较于主粮作物部分其营养成分和功能特性更具有优势，如多酚、维生素E、维生素B_1、维生素B_2含量均高于小麦和大米。谷子不仅供食用，还可入药，入药则有清热、清渴、滋阴、补脾肾和肠胃、利小便、治水泻等功效，同时又可用于酿酒。其茎叶可作为牲畜的优等饲料，含粗蛋白质5%~7%，超过一般牧草含量1.5~2倍，而且纤维素少，质地较柔软，为骡、马所喜食；其谷糠又是猪、鸡的良好饲料。利用谷子的营养和功能特性研究开发相关食品，特别是开发小米主食产品非常有意义，十分有利于提高中国居民的健康水平。

第二节　栽培技术

一、气候条件要求

年无霜期 180d 以上，年有效积温 2 800℃ 以上，年降水量 400mm 以上的区域，为最适宜气候区。

二、土地选择

根据谷子对气候条件的要求，以及籽粒小、芽弱、顶土能力差等特点，宜选择无有毒气体排放、无厂矿烟尘、水源无污染等环境条件；位置要选择岗地或者地势较高的肥沃土地，并具有良好的灌水和排水条件；生态良好，地势平坦、排灌方便，土质疏松、深厚肥沃、有机质含量高、土壤酸碱度中性或偏碱性、不重茬的地块种植。此外，前茬作物要确保未施用剧毒和高残留的化学杀虫剂等。栽前秋季翻耕土地时，为了全苗的安全保障，底肥宜选用农家肥，施用量为 45~75t/hm²。适宜的前茬作物有豆类、薯类、麦类、玉米、高粱等。

三、整地改土

播种前进行地块平整，结合整地施用商品有机肥或腐熟农家肥及少量化肥作基肥（宜一次性施入），每亩施商品有机肥 200~300kg 或腐熟农家有机肥 2 000~3 000kg，过磷酸钙 40~60kg 或磷酸二铵 8~10kg，硫酸钾 3~5kg，然后深翻 25cm 以上，耙细整平，作平畦或高垄待播。

四、品种选择

规模化栽培，宜选择抗逆性强、优质高产、商品性好、增产潜力大的优良品种。选择适宜当地、能够正常生长并且不早衰的农家优良品种、杂交品种等。此外，要满足口感好、谷质健康、颜色均匀、米粒大小一致等基本要求。其次，产量高，稳定性良好。最后，抗逆性好，能够抵御常见病虫害、抗早衰，保证其正常生产而不减产。如济谷系列：济谷 12，济谷 16（生育期 87d，株高 122cm，穗长 20.1cm），济谷 19（生育期 93d，株高 127.4cm，穗长 20.6cm），济谷 20（生育期 92d，株高 127.37cm，优质、丰产、抗性好、产量高），均为夏谷良种。晋谷系列：晋谷 21（耐旱），晋谷 23（耐寒），晋谷 35（生育期 126d，株高 152.8cm，穗长 18.2cm），晋谷 49（高产，400kg/亩）。冀谷系列：冀谷 17（生育期 93d，株高 119cm，穗长 18.9cm），冀谷 18（生育期 104d，株高 119.6cm，穗长 18.9cm）。豫谷系列：豫谷 13（抗逆性强），豫谷 18（生育期 88d，株高 106.7cm，穗长 17.8cm），适宜黄河流域种植。龙谷系列：龙谷 25（生育期 117d，株高 145~150cm，穗长 13~14cm），龙谷 30（生育期 125d，株高 175~180cm，穗长 25~29cm，抗病性强），龙谷 31（生育期 118d），龙谷 33 等，适宜黑土地种植。

五、科学播种

（一）种子处理

1. 选种

选择颗粒饱满、粒大、无病虫、无霉变的种子。

2. 晾晒

播前 10d，在阳光下晾晒 1~2d，忌暴晒，以免降低发芽率。

3. 精选

大面积种植时，采用谷物精选机精选。小面积种植，用 10%盐水精选，剔除漂浮的瘪粒、秕谷、杂质，保留饱满、大小一致的种子，最后把沉底的饱满籽粒洗净、晒干。

（二）播种时期

1. 春播

春季，当 10cm 深的地温稳定在 10℃以上时播种，北方以 4 月下旬至 5 月上旬为宜。

2. 夏播

前茬采收后抢茬播种，一般于 6 月中旬前完成。

（三）播种数量

谷子每亩播种量，根据地力状况、土质情况不同，一般每亩用种量为 0.75~1kg。土壤肥力差或晚熟、高秆、大穗品种酌情少播，反之取上限。

（四）播种方法

在播种前，要将种子在高温下暴晒，以杀死其种子中残留的细菌，确保种子的质量。要对残留在土壤里的有害细菌进行有效处理，防止有害细菌的残留对种子造成虫害。在 5 月上旬，土壤适宜播种时，采用人工与机械相结合的播种方式，播种沟深在 3cm 左右。播种时要做到先播种后压土的种肥隔离方式，镇压两次，用以保证安全出苗。谷子播种多采用平播法（平畦内直接播种），也可采用沟播法（划沟后播种，适宜旱坡地，保肥、保水、保土效果好）或垄播法（一般东北地区采用，播在垄上，以改善通风透光条件）。较小面积时，人工摇耧播种；面积较大时，宜采用谷子精播机机械播种方式。

1. 株行距

行距 40~60cm，株距 3~4cm，每亩留苗 4 万~5 万株。

2. 播种深度

深浅要一致，以覆土镇压后 3cm 左右深为宜。

3. 播后镇压

为促使谷子早发芽、深扎根、出齐苗、保墒情，应及早随播种随镇压或隔天进行镇压，出苗前共需镇压 2~3 次为宜，确保种子与土壤密切接触。

六、田间管理

（一）移种补栽

出苗后，若出现缺苗断垄现象，可用温水浸泡催芽的种子进行补种。也可在 3~5 叶期，从密集处挖苗移栽。确保苗全、苗壮。

（二）间苗定苗

按照去弱留壮的原则，于 4 叶期，疏除密集弱苗、枯心苗。5~6 叶期，根据栽植密度（每亩留苗量为夏谷 4.5 万株，春谷 4 万株左右）定苗。

（三）压青苗蹲苗

1. 压青苗

对土壤肥力高、长势旺的幼苗，在 3~5 片叶时用磙子压青苗，促使苗茎基部变粗，提高谷子的抗倒伏能力。

2. 蹲苗

以控水的方式蹲苗。出苗后，在中午幼苗叶片打卷，16时能恢复正常挺立为标准，坚持不浇灌，以促进根系深扎、基部节间短缩粗壮。

（四）土壤管理

幼苗期，结合间苗定苗进行首次中耕、除草，保持土壤疏松，促进谷子生长。拔节期，结合追肥灌水、细清垄，进行第二次中耕浅培土。孕穗期，结合除草进行第三次中耕高培土。做到"头遍浅，二遍深，三遍不伤根"。

（五）施肥管理

谷子在生育过程中，需吸收大量和中微量元素，以满足不同生育期对养分的需求。根据测算，每生产100kg谷子，需氮2~4.75kg、磷0.5~2.8kg、钾2~5.7kg，吸收氮、磷、钾比例为1.7：1：1.3，可依据土壤化验结果配方施肥。追肥量根据地力、前茬及基肥量（有机肥、磷肥、钾肥）综合确定，主要追施氮肥，喷施钾肥、微肥。苗期（出苗至开始拔节），一般不施肥。穗期（开始拔节至抽穗开花），每亩追施尿素10~15kg（前茬为豆类的需减半）。花粒期（抽穗开花至成熟），每次每亩喷施50~60kg叶面肥液：0.5%~1%尿素加0.2%硼酸溶液或0.3%~0.5%磷酸二氢钾溶液，7~10d喷施1次，连喷2次。

（六）水分管理

谷子苗期耐旱性强，一般不需要浇水。播种前浇水增墒，确保苗全苗旺。幼苗蹲苗期，控制灌水，土壤墒情差时酌情浇灌。拔节期，耐旱性差、需水量大，适时灌水保持土壤相对含水量65%~80%，以促进谷子生长、细穗分化。抽穗期至灌浆初期，按照少量多次的原则，隔垄轻灌（忌大水漫灌），使土壤相对含水量保持在85%~90%，促进幼穗发育、籽粒形成。雨季、生长后期，则注意排涝。

七、病虫害防治

坚持以"农业防治、物理防治和生物防治为主，化学防治为辅"的原则，开展绿色防控。

（一）农业防治

针对谷子的主要病虫害，选用多抗高抗的优良品种，实行严格轮作制度，配方施肥；合理密植，增施腐熟有机肥或商品有机肥；收获后及时清理地块，以减少病源和虫源越冬基数。

1. 轮作倒茬

与豆类、玉米等相应的农作物进行 2 年以上的轮作倒茬。

2. 种子暴晒

在播种前将种子进行暴晒，杀死其内部含有的细菌，并在晴天晒种，避免将种子过量堆放，要将其分布均匀晾晒，不要选择水泥地或者柏油马路，防止其表面材料对种子造成伤害。

3. 晚种

白发病、粟穗螟等主要为害早种谷子，所以适当推迟播种的方法可减轻相应病虫害的影响。

4. 选种

选种时，要选择性状优良或者杂交的品种，并且在播种前将种子放入到 55℃ 的温水中浸泡 10min，随后将其捞出，过滤掉杂质，再将浸泡过的种子晒干备用。

5. 播种水源和地质的选择

确保种植区域附近无污染水源和有毒气体的排放，同时避免种植土地未受到过量化学药剂和残留农药的破坏。在播种后要及时拔掉枯心苗以及生长过程的感病株，带出田块焚烧或者深埋，以防止病菌对谷子造成蔓延为害。

（二）物理防治

发现白发病等病株，随时拔除，带出田块深埋或烧毁处理。成虫期，使用性诱剂、黑光灯、频振式杀虫灯诱杀粟穗螟等成虫，用黄色粘虫板诱杀蚜虫等刺吸式害虫，播放鹰叫声驱避麻雀。发生频率最高的虫害为地下害虫，主要为害谷子的种子、幼苗和根茎等，造成幼苗发育不良。粟灰螟对谷子的伤害表现为以谷子幼苗为食，导致幼苗枯死，进而导致谷苗因营养不良而造成秕穗。黑茎跳甲同样以幼苗为食，从茎基部咬入，导致谷子因营养不良而死亡。总体而言，这些害虫主要伤害谷子的幼苗，易导致其在生长初期死亡。

诱杀害虫。诱杀夜蛾的具体方法：一种是将糖、醋、酒和水等调制均匀，并在其中掺入杀虫剂，搅拌均匀后倒入盆中，到傍晚时将其放置在田间诱杀夜蛾。另一种方法是在田间插上谷扫把，引诱虫产卵，再进行焚烧。

（三）生物防治

充分利用赤眼蜂、螳螂、七星瓢虫、草蛉、食蚜蝇等天敌昆虫防治蚜虫、红蜘蛛、粟穗螟幼虫等；用苏云金杆菌或白僵菌等生物制剂防治粟穗螟等害虫。谷瘟病发病初期，用6%春雷霉素可湿性粉剂1 000倍液喷雾防治。

（四）化学防治

蚜虫、红蜘蛛、双斑长跗萤叶甲发生期，用10%吡虫啉可湿性粉剂1 000~1 500倍液喷雾防治。锈病、纹枯病、黑穗病发生初期，用15%三唑酮可湿性粉剂1 000~1 500倍液防治。

在耕种期间，可喷洒适量的药剂，减少虫害，但是所选药剂对农作物的伤害要降到最低，并且在播种期间应选择施用不带有细菌的肥料。在6月中上旬，在乳油100g中加入适量的水，再与20kg细土搅拌均匀，每亩施撒毒土40kg左右，施撒时要对准苗撒，撒成一个药带，以此防治粟穗螟，减少枯心苗。

药剂拌种。先将种子用清水或者米汤拌湿，以每500g种子用2~3g的甲霜灵锰锌可湿性粉剂的比例，再将药剂拌到种子上，然后下种，可以在一定程度上减轻病虫的为害。除了减少谷瘟病、白发病、黑穗病等在播种前的发病概率，以及播种时施撒毒土或者药剂拌种防治地下害虫外，6月下旬至7月上旬时，也应及时防治玉米螟和钻心虫的为害，8月中上旬预防谷锈病的发生。

（五）主要病虫害

1. 纹枯病

该病症状主要表现为具有椭圆形状的病斑，叶鞘呈现黄褐色或灰白色，叶子轮廓呈现紫褐色或者深褐色，有云纹斑块，茎秆有类似情形，叶鞘内部与表面产生疏散的白色菌丝与褐色的较小的菌核。病株灌浆不饱和，穗小甚至不能抽穗，谷秆容易腐烂折断，导致谷子的产量与质量严重降低。可以使用化学药剂对种子进行喷洒，采用20%的噻呋酰胺悬浮剂15ml、25%苯甲丙环唑20ml进行防治，不仅效率较高而且毒性较小。

2. 锈病

该病出现的时间一般在抽穗后的灌浆期间，叶子背面存在较多的椭圆形状的斑点，出现黄褐色的粉状孢子，叶子枯死，叶子中间灰褐色，边侧为红褐色。治疗方法主要是使用三唑类药物，13%烯唑醇可湿性粉剂或者20%三唑酮可湿性粉剂都可以有效防治。

3. 谷瘟病

叶片的病斑形状是梭形，中间呈现灰褐色，叶子边缘为深褐色，潮湿环境下，叶子背面有灰色霉状物，穗子严重时容易出现死穗。该病治疗方法主要是在抽穗和齐穗期间，喷施 50% 的代森锌 550 倍液体或者 15% 的三环唑可湿性粉剂都可以实现防治效果。

4. 白发病

旱地谷子发生谷子白发病之后，其叶子会变色，并出现扭曲和腐烂的情况。处于幼苗阶段发病的叶子，正面会出现白色的条斑，叶子的背面则会出现灰白色的霉层，同时叶子自身会出现干枯和变黄的情况。但是旱地谷子的心叶仍能继续抽出，并且呈卷筒状进行直立。相对于普通的叶片来说，"刺猬头"部分的病情发展则会相对迟缓，虽然能够正常进行抽穗，但是穗会出现变形的情况，并且其中存在大量的黄褐色粉末。防治措施：第一，应该选用抗病品种的旱地谷子种子；第二，需要实行 2~3 年的轮作倒茬制度；第三，在田地中应该及时将病株拔除，以减少菌源，降低传染的概率；第四，应该采用浓度为 64% 的恶霜灵代森锰锌对旱地谷子种子进行拌种；第五，在旱地谷子的发病初期，可采用浓度为 58% 的霜脲锰锌进行喷施。

5. 粟穗螟

旱地谷子在苗期如果遭受到粟穗螟，就会形成枯心株，从而导致旱地谷子出现大幅度的减产，特别是旱地谷子与玉米进行混合播种时，粟穗螟的情况会尤为严重。

防治措施：第一，应该选择抗病品种进行播种，在播种之前需剪净谷茬，并对谷茬进行集中销毁；第二，将已经发病的枯心苗及时拔除，之后带出田地外进行焚烧或是深埋；第三，害虫均具有趋光性，所以可在田地间悬挂频振式杀虫灯对害虫进行诱杀；第四，使用性诱剂对成年害虫进行诱杀。

6. 谷黏虫

旱地谷子发生谷黏虫之后，害虫能够将旱地谷子的叶片全部吃光，导致谷子逐渐形成光秆。根据相关研究显示，当谷黏虫幼虫 2~3 龄期时，旱地谷子的田地中平均有谷黏虫 20~30 头/m²，此时可以采用 200 倍的 Bt 乳剂或是浓度为 90% 的晶体敌百虫进行喷雾防治。

第三节　收获与贮藏

一、收获加工

（一）收获时机

于蜡熟末期或完熟初期收获。此时期基部叶片已变黄，籽粒含水量在 20% 左右，

95%谷粒硬化，外稃已变黄，应及时收割。

（二）采收方法

1. 人工收割

小面积地块，人工割倒后适当集中，在田间自然干燥。干燥后打捆，运到场院进行机械脱粒。

2. 机械收割

大面积种植基地，可采用联合收割机进行收获。

二、贮藏

谷子耐贮藏，其原因是其外壳能抵御虫害侵袭，且水分低，谷壳能阻止外界水分迁移到米仁中，所以，除防鼠外谷子不需要特别的贮藏条件就能贮藏很长时间。

谷子脱壳后即为小米，与谷子的表现不一样，小米的耐贮藏特性很差，失去谷壳的保护，外界空气湿度的变化会给小米的贮藏带来急剧变化，因为小米内部水分含量极易随环境湿度变化而变化；小米粮堆空隙小含杂量较大，粮堆空气流动弱极易发热和霉变；小米贮藏期间发生霉变对小米品质有较严重的影响，大面积或长时间的霉变可能导致较为严重的食品安全风险，小米贮藏产热导致小米内源酶活力升高产生脂肪酸败或氧化酸败和致小米籽粒的颜色褪色等问题，严重影响小米的食用品质。13%的水分含量是小米贮藏的安全水分线，安全水分以下的小米贮藏安全性远高于水分含量在13%以上的小米；贮藏期间小米的营养品质变化明显，其中粗脂肪和直链淀粉含量升高，总淀粉、支链淀粉、总蛋白质含量降低，对于这些变化小米含水量和贮藏温度是最为主要的影响因素，在这两者一致的前提下充氮和真空能起到更好效果，因此，控制好小米贮藏温度和水分含量就能确保小米品质在可控范围。米色是评价小米品质的重要指标，小米的米色与小米品种有关并与外观品质呈正相关，尤其值得指出的是越优质的小米其色泽越好。小米陈化试验证实小米色素含量具有其脂氧合酶的活性相同的变化趋势，且高温能引起小米品质劣变。

第十六章　桔梗种植技术

第一节　概　况

桔梗，别名包袱花、铃铛花、僧帽花，桔梗为多年生草本，茎高20~120cm，通常无毛，偶密被短毛，不分枝，极少上部分枝。叶全部轮生，部分轮生至全部互生，无柄或有极短的柄，叶片卵形，卵状椭圆形至披针形，长2~7cm，宽0.5~3.5cm，基部宽楔形至圆钝，急尖，上面无毛而绿色，下面常无毛而有白粉，有时脉上有短毛或瘤突状毛，边顶端缘具细锯齿。花单朵顶生，或数朵集成假总状花序，或有花序分枝而集成圆锥花序；花萼钟状五裂片，被白粉，裂片三角形，或狭三角形，有时齿状；花冠大，长1.5~4.0cm，蓝色、紫色或白色。蒴果球状，或球状倒圆锥形，或倒卵状，长1~2.5cm，直径约1cm。花期7—9月。桔梗为深根性植物，根粗随年龄而增大，当年主根长可达15cm以上；翌年7—9月为根的旺盛生长期。幼苗出土至抽茎6cm以前，茎的生长缓慢，茎高6cm至开花前（4—5月）生长加快，开花后减慢。至秋冬气温10℃以下时倒苗，根在地下越冬，一年生苗可在-17℃的低温下安全越冬。

种子在10℃以上时开始发芽，发芽最适温度在20~25℃，一年生种子发芽率为50%~60%，二年生种子发芽率可达85%左右，且出芽快而齐。种子寿命为一年。桔梗喜凉爽湿润环境，野生多见于向阳山坡及草丛中，栽培时宜选择海拔1 100m以下的丘陵地带，对土质要求不严，但以栽培在富含磷、钾的中性类沙土里生长较好，追施磷肥，可以提高根的折干率。桔梗喜阳光耐干旱，但忌积水。桔梗对气候的适应性较强，为耐旱植物，适宜生长的温度为10~30℃，最适宜温度为20℃，可忍受-20℃低温。桔梗的花可作观赏花卉；其根可入药，有止咳祛痰、宣肺、排脓等作用，中医常用药。在中国东北地区常被腌制为咸菜，在朝鲜半岛被用来制作泡菜。

目前，从温带到亚热带季风气候与温带季风气候的过渡地带形成了三大产区：内蒙古赤峰牛营子镇、山东博山池上镇、安徽亳州与太和，三地的种植面积占全国桔梗种植面积的 80% 以上。山东产区主要集中在淄博市博山区池上镇,池上镇也是人工栽培桔梗的发祥地,早在 20 世纪 70 年代,在池上公社药材站的指导下,桔梗作为一种新生事物开始在池上大规模种植。由于桔梗具有种植技术简单、管理粗放、耐旱、抗病虫能力强、药食两用等特点,20 世纪 90 年代初,池上镇已将桔梗作为一项农业致富产业广为种植,并逐渐辐射到沂源、临朐、临邑、平邑等周边区县。

地处鲁山脚下的博山区池上镇,位于淄博市南部山区,四面环山,交通便利,但是池上镇远离城镇和工业基地,作为淄河的水源地,空气、土壤和水质无污染。池上镇遍布丘陵山谷,土壤均属弱酸性土壤,且多为鲁山坡地。得天独厚的自然条件,为桔梗的种植和生长提供了良好的环境。

池上桔梗更加嫩脆多汁,为满足桔梗市场的各种需要,池上镇采取了一系列措施确保池上桔梗的优良品性。村民们严格按照规范的生产技术规程操作,将产前、产中、产后过程全部纳入了标准化生产轨道。1994 年,池上桔梗开始走出国门。此后,随着国际市场需求量逐步增大,百姓种植桔梗得到的实惠越来越多,当地农民种植、加工桔梗的积极性也随之高涨。池上镇很快成了山东乃至全国出口桔梗的种植、加工集中地,"桔梗之乡"因此得名。池上桔梗的生产,也大大带动了周边地区或者外省的桔梗生产,"池上桔梗"叫响韩国,种植规模不输池上的内蒙古、安徽,也来这里加工集散。

目前,生产上栽培桔梗主要以内蒙古、山东农家自种自繁为主,内蒙古赤峰种质具有早熟、耐低温、发芽快、根条好的特点;山东博山种质具有晚熟、抗病、根条好、产量高的特点。赤峰地区以本地种质为主,部分来源于山东种质,山东产区则多以本地种质为主,安徽产区因结籽不好,种子主要来源于上述两产区。山东产区种植品种为鲁梗 1 号,是由山东省农业科学院中草药核技术与航天育种研究中心采用选择育种的方法经 5 年选育而成,于 2007 年通过山东省品种委员会审定,生育期稍长,抗逆性和抗病性较强,该品种的适应性、丰产性和商品性优良,具有很高的推广价值和应用前景。

第二节　栽培技术

一、桔梗播种技术

桔梗繁殖,要选用高产的植株留种,留种株于 8 月下旬要打除侧枝上的花序,使营养集中供给上中部果实的发育，促使种子饱满，提高种子质量。蒴果变黄时割下全株，放通风干燥处后熟然后晒干脱粒，待用。通常采用直播，也可育苗移栽，直播产量高于移栽，且叉根少、质量好。可秋播、冬播或春播，以秋播好。

（一）选地

选择地势向阳、土层深厚、肥沃、排水良好（雨季无积水）的沙质壤土栽种。黏土和盐碱地均不宜栽培。桔梗连作 10 余年，为防止长期连作导致土传病害加重，期间可与小麦、玉米、烤烟等作物轮作。

（二）整地

桔梗有较长的肉质根，因此最好是垄上栽培。于早春（4 月中下旬）撒上农家肥将地翻耕耙细整平（深翻 30cm）。做垄时，先在地上隔 2m 打上格线，开沟，然后将沟里的土向两边分撩，做成垄宽 1.7m、沟宽 30cm 左右的垄床，如遇旱，可沿沟灌溉，以备播种。

（三）施肥

桔梗在大田播种前可亩施农家肥 2 000～3 000kg、粮食复合肥 40kg、过磷酸钙 30kg，为防治蛴螬可在翻倒农家肥时每吨施入 1kg 甲敌粉与农家肥混合均匀在翻地前施入，后期追肥主要用清粪水或尿素，可在当年 7 月和翌年 7—8 月用尿素 25kg 或清粪水进行追肥提苗。清粪水每亩每次可施 2t 左右，浓度可在 10% 左右，追肥后若浓度较大应及时用清水洗苗。

（四）选种

桔梗种子应选择 2 年生以上非陈积的种子（种子陈积一年，发芽率要降低 70% 以上），一年生桔梗结的种子俗称"娃娃种"，瘦小而瘪，颜色较浅，出苗率低，且幼苗细弱，产量低，而二年生桔梗结的种子大而饱满，颜色深，播种后出苗率高，植株生长快，产量高，一般单产可比"娃娃种"高 30% 以上。

种植前要进行发芽试验，保证种子发芽率在 70% 以上。发芽试验的具体方法是：取少量种子，用 40～50℃ 的温水浸泡 8～12h，将种子捞出，沥干水分，置于布上，拌上湿沙，在 25℃ 左右的温度下催芽，注意及时翻动喷水，4～6d 即可发芽。

（五）播种

1. 桔梗种子播前处理

桔梗种子较小，春季播种后易出现种子顶土困难的情况，且北方地区容易出现春旱，更不利于桔梗种子的出苗，造成桔梗田块缺苗断垄。因此，桔梗种子在播种前需对桔梗种子进行播种前处理。播种前处理主要是在桔梗种子播种前采取催芽的方式，促使桔梗种子快速发芽，幼苗健壮。降低春旱对种子出苗影响。

桔梗浸种催芽是将清洗干净的当年桔梗种子装入编织袋后，放入清水中浸泡24h，取出沥水（以种袋不滴水为准），装入塑料袋扎口，放到25~30℃下进行催芽。催芽时，每隔4~6h翻动一次并少量淋水加湿，3d后去除塑料袋。待种子露白后即可播种。

注意事项：浸种时要使水面完全没过种袋，使所有种子浸泡在水中；浸种袋装种量不宜太满，约为种袋的1/3，防止种子浸泡后因膨胀撑破种袋；在浸种时，种袋上方应压上石头或重物，防止种袋上浮；催芽后，应及时去除塑料袋，避免温度过高，造成种子腐烂。

2. 播种方式

安徽地区播种时间最早在3月初，以撒播为主，播种后用麦秸覆盖保湿。山东地区先育苗再移栽，播种时间在6—7月的雨季，撒播并加盖覆盖物保湿，翌年春季按照株距4~6cm、行距14~20cm移栽。赤峰地区春季风大雨少，为了有效利用返浆水，抵抗春季干旱，播种在清明节后就开始，采用条播，确保全苗，行距为15~20cm。在播种方式上，直播产量高于移栽，且根形分权小，质量好。在生产上多采用条播：在畦面上按行距20~25cm开条沟，深4~5cm，播幅10cm，为使种子播得均匀，可用2~3倍的细土或细沙拌匀播种，播后盖火灰或覆土2cm。各产区的亩用种量基本相同，为2.5~3kg。

二、田间管理

（一）出苗管理

出苗期间要注意松土除草，当苗高3~5cm时进行间苗1~2次；苗高10~12cm时定苗，按株距4~5cm留壮苗1株。若有缺苗，则宜选择阴雨天补苗。后施稀人畜粪水，施后盖上，再追施一次并培土，防止倒伏。施后盖上。此外，还要经常松土除草，干旱要及时浇水。一般于播后秋末或早春萌芽前收获。

桔梗以顺直的长条形、坚实、少岔根的为佳。栽培的桔梗常有许多合根，有二叉的也有三叉的，有的主根粗短不一，大大影响质量。如果一株多苗就有岔根，苗愈茂盛主根的生长就愈受到影响。反之一株一苗则无岔根、支根。栽培的桔梗只要做到一株一苗，则无岔根、支根。因此，应随时剔除多余苗头，尤其是翌年春返青时最易出现多苗，此时要特别注意，把多余的苗头除掉，保持一株一苗。同时多施磷肥，少施氮钾肥，防止地上部分徒长，必要时打顶，减少养分消耗，促使根部的正常生长。

干播的种子需 25d 左右出苗，催芽播种的种子也需 10d 左右出苗。待小苗出土后，及时除去杂草，小苗过密要适时疏苗，以每 100cm² 10~12 株为宜，间隔 5cm 保留一株进行间苗（每亩 6 万株左右），并配合松土。后期也要适时进行除草。另外桔梗花期较长，要消耗大量养分，影响根部生长，除留种田外要及时疏花疏果提高根的产量和质量。

（二）杂草防治技术

桔梗在规模化生产过程中，杂草为害严重，人工除草劳动强度大，成本高。在探索保障桔梗生产安全的基础上，开展杂草综合防治技术迫在眉睫。目前，桔梗杂草防治技术处在摸索阶段，药农常常盲目使用农作物除草剂导致药害严重，例如将灭生性除草剂如草甘膦、2，4-D 当苗后除草剂使用，造成减产或绝产。

桔梗杂草综合防治技术方法分为土壤前处理技术、化学防治技术和结合中耕除草。目前，尚没有专门针对桔梗且已登记注册的专用化学除草剂。市场上出现各种桔梗除草剂，多以助剂、附剂形式销售。

1. 土壤前处理技术

结合整地深翻 40cm 以上，在深翻过程中，将杂草宿根人工拣出后，用 48% 氟乐灵除草剂按 150ml 兑水 15kg 喷施，保证喷施均匀，防止氟乐灵见光分解，最好边施药边浇水，喷药后浇水间隔不要超过 24h。

2. 化学防治技术

苗前封闭型除草剂：二甲戊灵（33%）按每亩 150ml 喷施，施药与播种时间间隔不超过 3d，施药时应选择无风晴天喷施，如土壤干燥，可先喷水，保证不漏喷，不重喷。施用二甲戊灵后降雨，不会影响除草效果，还可以提高除草效果。桔梗出苗时间在 15d 左右，可在播种后第 10 天喷施二甲戊灵，除去已出苗的杂草。二甲戊灵药效 45d 左右，最好桔梗苗出齐后每 7d 喷碧护、海藻精等叶面肥解除药害。

苗后除草剂应在桔梗 4~5 片真叶时施用，严禁子叶期喷施。施药时选择无风晴天，并严格按使用剂量对药喷施，不漏喷和重喷。施药后 6h 不能有降雨。

3. 中耕除草

中耕宜在土壤干湿适中时进行。每次中耕应结合除草。桔梗生长过程中，杂草较多。第1年要除草3~4次。种植翌年，植株未封垄前，除草1~2次。植株长大封垄后，不宜再进行中耕除草以免折断茎秆。

4. 肥水管理

6—9月是桔梗生长旺季，6月下旬和7月视植株生长情况应适时追肥，肥种以人畜粪为主，配施少量磷肥和尿素。无论是直播还是育苗移栽，天旱时都应浇水。雨季田内积水，桔梗很易烂根，应注意排水。收获前10~15d灌水1次，利于提高产量也方便采挖。

（三）摘蕾打顶

除留种田块外，其余地块均应减除花枝。在7月底蕾期对桔梗进行人工切除花序，以后应随时剪除（蕾芽应清除出田间），以促进根系发育。

（四）留种技术

桔梗花期较长，果实成熟期很不一致，留种时，应选择二年生的植株，于9月上中旬剪去弱小的侧枝和顶端较嫩的花序，使营养集中在上中部果实。10月当蒴果变黄、果顶初裂时，分期分批采收。采收时应连果梗、枝梗一起割下，先置室内通风处后熟3~4d，然后再晒干、脱粒，去除瘪籽和杂质后贮藏备用。成熟的果实易裂，造成种子散落，故应及时采收。

三、病虫害防治

（一）防治原则

预防为主，综合防治，通过选育抗性品种培育壮苗、科学施肥、加强田间管理措施，综合利用农业防治、物理防治、生物防治、配合科学合理的化学防治，将有害生物控制在允许范围之内。农药安全使用间隔期应遵守《农药合理使用准则》，没有标明农药安全间隔期的品种，收获前30d停止用药，执行其中农残量最大的有效成分的安全间隔期。

（二）根腐病的防治

1. 发生条件

桔梗的病害主要是腐烂病，此病在高温、雨季、土壤湿度长时间过大通风不良的条件下发生。

2. 症状

初期根局部呈黄褐色而腐烂，以后逐渐扩大，导致叶片和枝条变黄枯死。湿度大时，根部和茎部产生大量粉红色霉层即病原菌的分生孢子，最后严重发病时，全株枯萎。

3. 农业防治

与禾本科植物轮作 3~5 年；合理配方施肥，适当增施有机肥和磷钾肥，提高植株抗病力；早期及时拔除病株，用石灰穴位消毒；清洁田园，减少菌源。

4. 化学防治

土壤处理可在整地时用多菌灵或噁霉灵+甲霜灵或咪鲜胺等撒施进行土壤消毒。

临发病前或发病初期，用多菌灵、甲基硫菌灵、代森锰锌（全络合态）+甲霜灵、广枯、噁霉灵+甲霜灵等喷淋茎基部或灌根，视病情一般 7~10d 用药 1 次，连喷灌 3 次。

（三）白粉病防治

主要为害叶片。发病时，病叶上布满灰粉末，严重至全株枯萎。

防治方法：发病初用 0.3 波美度石硫合剂或白粉净 500 倍液喷施或用 20% 的粉锈宁粉 1 800 倍液喷洒。

（四）根结线虫病防治

受为害时，根部有病状突起，地上茎叶早枯。

防治方法：施入 1 500kg/hm² 茶籽饼肥作基肥，可减轻危害，播前用石灰氮或二溴氯丙烷进行土壤消毒。

（五）紫纹羽病防治

9 月中旬为害严重，10 月根腐烂。受害根部初期变红，密布网状红褐色菌丝，后期形成绿豆大小紫色菌核，茎叶枯萎死亡。

防治方法：切忌连作，实行轮作倒茬；拔除病株烧毁，病穴灌 5% 石灰水消毒。

（六）炭疽病防治

7—8 月高温高湿时易发病，蔓延迅速，植株成片倒伏死亡，主要为害秆基部，初期茎基部出现褐色斑点，逐渐扩大至茎秆四周，后期病部收缩，植株倒伏。

防治方法：在幼苗出土前用 20%退菌特可湿性粉剂 500 倍液喷雾预防，发病初期喷 1∶1∶100 波尔多液或 50%甲基托布津可湿性粉剂 800 倍液，每 10d 喷 1 次，连续喷 3~4 次。

（七）轮纹病和斑枯病防治

为害叶片，发病初期喷 1∶1∶100 波尔多液或 50%多菌灵可湿性粉剂 1 000 倍液，连续喷 2~3 次。

（八）地下害虫防治

1. 农业防治
精耕细耙、深耕深翻、使用充分腐熟的有机肥。
2. 物理防治
成虫发生期，规模化种植时，采用灯光诱杀。
3. 化学防治
（1）毒饼法　辛硫磷或氯虫苯甲酰胺等配制成毒饵，如 20%的氯虫苯甲酰胺悬浮剂 10ml 加上麦麸 5kg 或切碎的鲜草 10kg 制成毒饵，于傍晚撒于苗周围。
（2）喷灌法　幼虫发生期，可以选用辛硫磷或氯虫苯甲酰胺等喷灌。

（九）红蜘蛛的防治

8—10 月以成虫、若虫群集于叶背吸食汁液，为害叶片和嫩梢，使叶片变黄，甚至脱落。红蜘蛛蔓延迅速，为害严重，以秋季干旱时为甚。
防治方法：采取化学防治。

四、采收

桔梗生长期为 2 年，有效成分以 2 年生最强，1 年生次之。主要以春秋两季采挖，秋季收获体重质实，质量较佳。

各产地在采收时间上有所不同。内蒙古和山东地区春秋两季采收，秋季 10 月 1 日前后进行，上冻前结束。安徽亳州与太和地区除冬季土地上冻外，可全年采收。目前，生产上还没有研制较好的机械采挖设备，基本以人工为主，采挖时先用镰刀或农用机械去掉地上茎、叶，再用钢叉、铁锹采挖。钢叉长度 60cm 以上，以保证桔梗根型的完整。如需使用有机肥，可提前撒到地表，采挖时一起翻入地下。

第三节 桔梗加工

桔梗因用途不同加工方法也不同。其中，安徽亳州桔梗以药用为主，山东产区和安徽太和以食用为主，内蒙古赤峰产区药食兼用。

一、药用桔梗的加工方法

药用桔梗的加工方式为：鲜根洗净（不去皮），利用机器进行切片（安徽亳州地区单根重小，根很短，切根时以纵切为主），再进行烘干（室内烘干 65~80℃），然后装袋保存。

二、药食兼备的桔梗加工方法

药食兼备的桔梗加工方法：将鲜桔梗洗净去皮后整根晾干，自然晾晒时需经常翻动，到快干时推起来发汗 1d，使其内部水分转移到体外，再晒至全干。冬季加工时需先经过无烟烘干室 75~80℃，15min 烘干，再晾干，以防止药材冰冻。加工成饮片时，先用水闷湿 24h 后切片，烘干后装袋保存。

三、食用桔梗鲜品加工方法

山东地区食用鲜品加工方法：①原料清洗，将原料放入清洗池，用高压水枪清洗至桔梗表皮无泥土、杂质等异物；②原料去皮，将清洗合格的原料用刮刀去除须根、表皮等；③漂洗，将去皮后的产品用清水漂洗干净；④甩干，漂洗后的产品用甩干机沥去表皮水分；⑤劈丝，沥水后的产品按照工艺要求用刀具将其劈成丝条状；⑥预冷，将劈丝产品放入托盘内，摆放在预冷架上，在-1~1℃条件下预冷 1~2h；⑦计量包装，包装时摆放均匀整齐，重量控制在（2 000±5）g；⑧真空封口，抽真空后封口无褶皱，无漏气现象，封口处生产日期清晰；⑨成品储存，成品贮存纸箱包装后，标识、生产日期、批次清晰，放入成品冷藏库，恒温保存保持在-1~1℃。

第四节　淄博桔梗标准化栽培技术

一、气候条件

（一）温度

桔梗在 10~20℃ 的环境中可正常生长，生长旺盛期（7—9 月）最适宜温度为 18~20℃，气温高于 35℃ 或低于 -20℃ 生长会受到抑制。

（二）降水

桔梗喜湿怕涝，要求年降水量 700~800mm，若降水过多，遇大风天气，则易出现倒伏，影响根茎生长。

（三）光照

桔梗是喜光植物，要求年日照天数大于 75d，日照时数 7~8h。

二、育苗

（一）育苗地的选择

选择旱能浇、涝能排的砂质壤土地块。播前施肥，每亩施堆肥 2 500kg，加过磷酸钙 20kg，撒入地内，深翻 30cm 以上，耕翻土地，耕后细耙整平做畦。

（二）播种时间

从土壤解冻到秋分均可播种，但由于夏季天气炎热、雨水多，对幼苗生长不利，故播种主要分为春播和秋播。

（三）播种

将苗畦普踩 1 遍，顺畦浇水，水渗下后，将种子混上 2~3 倍的沙土，撒在畦内，每亩用种量 3~4kg。播后覆上过筛细沙土 1cm 左右，反复耧几遍，拍平压实。种子繁殖需用当年新产种子，新种子发芽快，发芽率高，长出的苗均匀、健壮，利于管理，隔年的陈种子发芽率低甚至不能发芽。播前用温水浸种 12h，用适量湿沙拌匀，可明显提高发芽率。

（四）苗期管理

出苗前保持土表湿润，齐苗后根据墒情适量浇水，高温雨季要注意排水防涝。桔梗苗期最怕草荒，出苗后要及时拔草 2~3 次或用盖草能等除草剂除草。一般每亩留苗 40 万株左右，可移栽 4 000~5 000m²。

三、定植

（一）施足基肥

在中等肥力条件下，结合整地每亩施用有机肥 5 000kg、尿素 6kg、过磷酸钙 50kg、硫酸钾 12kg。施用的肥料要符合 DB 3703/003—2005《无公害蔬菜生产投入品使用准则》。

（二）定植时间

霜降后至第 2 年清明节前，只要土壤不封冻均可栽植。

（三）定植方法

将桔梗苗挖起（注意深挖），保护根系完整，并将两侧毛细根摘除以防生长中发叉。按行距 20~25cm、株距 5~6cm 开沟，沟深 20~25cm，栽植深度以埋住生长点 1cm 左右为宜。一般每亩栽 6 万~7 万株。过密，植株生长细弱，易遭病虫为害；过稀，产量低。不必过多去苗，适当密植是增产的关键。

四、田间管理

（一）水分管理

桔梗抗旱能力较强，但根据情况也应及时浇水，保持土壤表面不干即可。一般不旱不浇，在秋后浇 1 次，翌年春结合施肥浇水，大雨过后要注意及时排涝。

（二）施肥管理

施肥量要根据桔梗长势、天气、土壤肥力情况而定。施肥宜采用撒施法，在浇水前每亩撒施尿素 5~10kg 或三元复合肥 10kg，施后先盖土后浇水。整个生长期施肥 2 次。苗期需追施适量稀薄人粪尿 1~2 次，促进幼苗生长。6 月底增施花期肥，以磷、钾肥为主，防止因开花结果消耗过多的养分而影响生长。入冬后要重施越冬肥，结合施肥进行培土。翌年春株高 1m 左右时，适当控制氮肥用量，配合追施磷、钾肥，使茎秆生长粗壮，以防止或减轻倒伏。

（三）中耕除草、间苗

桔梗出苗后，进行除草。在幼苗长 4 片叶时，间去弱苗，6~8 片叶时，按株距 3.33~6.33cm 定苗，在干湿适宜时进行浅松土，经常保持地内疏松，田间无杂草。

桔梗前期生长缓慢，易滋生杂草，应及时拔除，以防蔓延造成草荒。植株长大封垄后可不再进行中耕除草。

（四）疏花

除留种田外，疏花疏果可提高根的产量和质量。在盛花期喷施 1 次 0.1% 的乙烯利，能显著地增加产量。

（五）收获

冬春两季栽植的桔梗，在第 2 年冬春季即可收刨。一般在地上茎叶枯萎时采挖，过早采挖则根部尚未充实，折干率低，影响产量；收获过迟则不易剥皮。起挖时，应先将地上茎叶割除，然后从地的一端开挖，尽量保持桔梗的完整，减少损伤，以提高桔梗的质量。

五、病虫害防治

桔梗病虫害较少，病虫害防治相对容易。

（一）病虫害种类

病害主要有根腐病、白粉病、根线虫病、紫纹羽病、炭疽病、轮纹病和斑枯病；虫害主要有蛴螬、蝼蛄、金针虫、地老虎。

（二）防治原则

贯彻"预防为主，综合防治"的植保方针，以及"农业防治，物理防治，生物防治为主，化学防治为辅"的无公害防治原则。

（三）农业防治

实行轮作换茬，减少病源。

加强田间管理，及时拔除杂草，增施磷、钾肥，促使植株生长健壮，提高抗病能力。

高温多雨季节注意排水防涝，改善土壤通透性，防止病害的发生。

（四）化学防治

投入的农药要符合 DB 3703/003—2005《无公害蔬菜生产投入品使用准则》。

可于早期喷施甲基托布津 500 倍液防治病害。

对于虫害，可在翻地或移栽时，每亩用辛硫磷乳剂 200ml 兑细沙或细土，均匀撒于地表，随撒随耕翻，或移栽时随着栽苗将对好的药土撒于沟内，或做成毒麸、毒饵，于傍晚撒于田间进行诱杀。

（五）具体病害防治方法

1. 桔梗根腐病

（1）为害特征　为害根部，受害根部出现黑褐斑点，后期腐烂至全株枯死。

（2）防治方法　用多菌灵 1 000 倍液浇灌病区；雨后注意排水，田间不易过湿。

2. 桔梗白粉病

（1）为害特征　主要为害叶片。发病时，病叶上布满灰粉末，严重至株枯萎。

（2）防治方法　发病初期用 0.3 波美度石硫合剂或白粉净 500 倍液喷施或用 20%的粉锈宁 1 800 倍液喷施。

3. 根结线虫病

（1）为害特征　受害时，根部有病状突起，地上茎叶早枯。

（2）防治方法　施入 1 500kg/hm² 茶子饼肥做基肥，可减少为害，播前用石灰氮或二溴丙烷进行土壤消毒。

4. 紫纹羽病

（1）为害特征　9 月中旬为害严重，10 月根腐烂。受害根部初期变红，密布网状红褐色菌丝，后期形成绿豆大小紫色菌核，茎叶枯萎死亡。

（2）防治方法　切忌连作，实行轮作倒茬；拔除病株烧毁，病穴灌5%石灰水消毒。

5. 炭疽病

（1）为害特征　7—8月高温高湿时易发病，蔓延迅速，植株成片倒伏死亡，主要为害茎秆基部，初期茎基部出现褐色斑点，逐渐扩大至茎秆四周，后期病部收缩，植株倒伏。

（2）防治方法　在幼苗出土前用20%退菌特可湿性粉剂500倍液喷雾预防，发病初期喷1∶1∶100波尔多液或甲基托布菌可湿性粉剂800倍液，每10d喷1次，连续喷3~4次。

6. 轮纹病和斑枯病

（1）为害特征　为害叶片。

（2）防治方法　发病初期喷1∶1∶100波尔多液或50%多菌灵可湿性粉剂1 000倍液，连喷2~3次。

六、贮存

临时贮存应在阴凉、通风、清洁、卫生的条件下，防日晒、雨淋、冻害及有毒有害物质的污染。堆码整齐，防止挤压等损伤。

长期贮存应按级别分别堆码，货堆保持通风散热。贮存库温度应保持在0~1℃，空气相对度保持在85%~90%。每隔一个月倒垛一次，防止发热霉变。

第五节　桔梗与烤烟间作技术

通过3年田间试验，研究了烤烟与桔梗间作对烤烟农艺性状、病害发生、烟叶外观质量和烟叶效益的影响。结果表明，烤烟与桔梗间作与烤烟单作相比，株高、茎围、腰叶、顶叶均略高于单作烟田，但差别不大；当地发生的主要病害病毒病、角斑病与野火病、黑胫病、赤星病的发病率均明显低于单作烟田；原烟外观质量与单作烟田基本相当；单产及其烟叶产值均低于单作烟田，但间作烟田烤后烟叶上中等烟比例和均价均高于单作。加上桔梗产值，间作烟田的综合经济效益显著高于单作烟田。

目前，我国北方大部分烟区烤烟生产均以单作为主，长期单作带来了生物的单一性、片面消耗土壤养分，使耕层结构恶化、养分失调、病原积累、病虫害加剧、产量和品质下降。前人研究表明，烤烟间作草木樨和烤烟套种甘薯对烟叶产量没有显著影响,但显著提高烟叶总糖、还原糖含量和糖碱比,降低氯含量,使其更接近优质烟标准。在烤烟成熟中后期间作体系能不同程度地增加植烟土壤的速效钾含量,对平衡和协调土壤养分有积极作用。烤烟间作草木樨对烟草病毒病有明显的控制效果,普通花叶病的发病率和病情指数极显著下降,间作能不同程度地减轻烟草真菌类病害的为害,但对细菌类病害的控制效果不明显。

淄博博山多为山区,宜耕土地资源匮乏,传统的生产和栽培方式使其烤烟重茬种植普遍,病害逐年增加,对博山烤烟的规模化发展和品质提升产生诸多不利。但是适合丘陵山区间作的农作物少之又少,为此我们结合当地的特色产业桔梗生产,实施烤烟与桔梗间作,研究烤烟桔梗间作系统对烤烟生长和对烟叶品质的影响,以期寻找一条适应山区经济安全、提质增效和可持续发展的烟叶种植方式。

一、材料与方法

(一) 试验材料

试验于 2008—2010 年在淄博市博山区池上镇池埠村和苇元村进行。试验地为连种烤烟 10 年以上、地面平整、排灌方便、肥力中等地块。供试烤烟品种为秦烟 96。

(二) 试验设计

试验设间作和单作烟田(对照)两个处理,每个处理 1hm²。间作模式为两行烟一行桔梗。烟垄为当地常用的垄距为 1.1m,株距 0.55m,垄高 0.2m;桔梗与烤烟的垄距 0.8m,桔梗的株距是 0.1m。单独密集烤房烘烤,单独分级交售。

(三) 观察记载

农艺性状和经济性状的调查分析均按照烟草品种比较试验记载规范进行。每个处理单计产量、产值、均价和上等烟比率。

二、结果与分析

(一) 间作桔梗对烤烟主要生物学性状的影响

间作烟田烤烟的株高、茎围、腰叶长、顶叶长绝大多数略高于对照烟田,但差别不大,3 年试验结果基本一致。此外,研究发现,在旺长前期,间作和单作烟田长势基本一致，但在旺长期后间作比单作烟田长势旺、整齐度要好，腰叶、顶叶略长 2~3cm，打顶后间作烟田长势突出，这可能与间作烟田通风透光性较好、光热条件充足有关。

（二）间作桔梗对烤烟病害发生的影响

间作烟田烤烟 2008—2010 年的病毒病、角斑病与野火病、赤星病发病率均明显低于单作烟田。此外，随间作时间增加，黑胫病发病率和病情指数逐年降低，发病率从 2008 年的 17%降低到 2010 年的 1%，而单作烟田则呈增加趋势，发病率从 2008 年的 21%增加到 2010 年的 34%；病毒病、赤星病及其他病害发生情况年度间变化不大；2010 年角斑病与野火病发生较重，但间作烟田发病率和病情指数明显低于单作烟田，且间作烟田发病时间比单作烟田晚 10~15d。

（三）烤烟桔梗间作对烟叶外观质量的影响

间作烟田 C3F 原烟外观质量与单作烟田基本相当，但 2008 年间作烟田原烟光泽略优于单作烟田，2009—2010 年间作烟田原烟油分指标优于对照烟田，其他质量指标基本一致。这可能与烤烟桔梗间作高矮结合、烟株生长空间充裕、中部下部烟叶光照条件较好有关。

（四）烤烟桔梗间作对经济性状的影响

间作烟田单产低于单作，烟叶产值也低于单作，但烤后烟叶上中等烟比例和均价均高于单作。加上桔梗产值，间作烟田的综合经济效益显著高于单作烟田。间作烟田的综合比较效益逐年增加，2008 年间作烟田综合效益较单作烟田高 10 236.0元/hm²，2010 年则高 28 123.5元/hm²。2008—2009 年烟田产量均有所增加，2010 年因受大面积野火病与角斑病影响，产量下降，但间作烟田产量下降幅度低于单作烟田。2008—2010 年间作烟田的综合经济收益基本波动不大，但单作烟田在 2010 年受大面积野火病与角斑病影响下，效益大大降低。

三、结论与讨论

博山烤烟集中种植在南部山区，常年重茬种植造成烟草病害逐年增加，烟叶产量、质量和效益下降。本研究结果表明，烤烟桔梗间作可以显著降低病毒病、角斑病与野火病、黑胫病、赤星病等病害的发病率，其原因可能是烤烟和桔梗分属两个不同种科作物、没有共同的病原菌；且两种作物高矮秆搭配，空间分布上互补，使得作物在吸收光、热、水、气及矿质养分等方面发生变化，从而延缓和阻碍了病害的发生；两种作物的根系发生交互作用，使得作物产生某些物质抑制了病害的发生。研究表明，烟麦间作可以明显降低烤烟大田期病害的发生，对黑胫病、根黑腐病、赤星病、病毒病等4种病害的防治效果均比较好，特别是对烟草病毒病的防治效果尤为显著。大豆和苘蒿与烤烟 KRK26 间作均有利于降低黑胫病发病程度，对根黑腐病的发病率和病情指数均有大幅降低。本研究表明，烤烟和桔梗间作，高矮结合，每株烟都有充裕的生长空间，特别是中、下部烟叶的光照条件较单作烟田更好，烤后烟叶颜色深，油分足，叶片略重，烤后烟叶外观质量略优于单作烟田。烤烟桔梗间作，能够多层次全方位综合利用土地、光能、空气和热量等多种资源和环境条件，中上等烟比例高，综合经济效益好，同时还能降低连年植烟风险大、土壤环境恶化、单植烤烟效益不高等不利因素，较好解决了粮烟争地和人多地少的矛盾，稳定了基本烟田规模，促进了现代烟草农业的持续稳定健康发展。

第十七章　丹参种植技术

第一节　概　述

　　丹参，别名血参、赤参、紫丹参、红根等，为唇形科多年生草本。我国大部分省区有分布和栽培，以根入药。近代从根中分离出多种化学成分，如丹参酮Ⅰ、异丹参酮Ⅰ、二氢丹参酮Ⅰ、丹参酮异丹参酮ⅡA、羟基丹参酮ⅡA等。药理实验有扩张冠状动脉增加血流量的作用，对小鼠有镇静和安定作用。总丹参酮及隐丹参酮等活性成分，对敏感和耐药的金黄色葡萄球菌均有较强的抗菌作用。同时还证明丹参茎叶与根所含的生物活性成分基本相同。主要药理作用也相似，在临床上也取得一定的疗效，有待进一步开发和利用。丹参为常用中药，应用历史悠久，为祛瘀止痛、活血通经的良药，为历代医家所推崇。味苦，性寒。有活血祛瘀、消肿止痛、养血安神功能。用于冠心病、月经不调、产后瘀阻、胸腹或肢体瘀血疼痛、痈肿疮毒、心烦失眠等。

　　丹参株高 30~70cm。根肉质，肥厚，有分枝，外皮土红色，内黄白色，长 30cm 左右。茎方形，被长柔毛。奇数羽状复叶，对生，小叶 3~7 片，卵圆形，边缘有钝锯齿，两面均被有长柔毛。轮伞总状花序，顶生或腋生，花淡紫或白色，唇形；小坚果 4 个；椭圆形，成熟时灰黑色。花期 5—7 月，果期 6—8 月。丹参喜气候温暖、湿润、阳光充足的环境，在年平均气温 17.15℃、平均相对湿度 77% 的条件下生长发育良好，在气温-5℃时，茎叶受冻害；地下根部能耐寒，可露天越冬，幼苗期遇到高温干旱天气，生长停滞或死亡。丹参为深根植物，在土壤深厚肥沃、排水良好、中等肥力的砂质壤土中生长发育良好。土壤过于肥沃，参根生长不壮实；在易涝、排水不良的低洼地会发生烂根。土壤酸碱度以近中性为好，过砂或过黏的土壤丹参易生长不良。

　　自 20 世纪 70 年代以来，丹参已成为临床上治疗冠心病、心绞痛、心肌梗塞等心血管疾病的首选药材。目前医药市场对丹参原材料的需求急剧增加，丹参野生资源破坏严重，加剧了丹参的供需矛盾。人工种植丹参成为解决药源的根本途径。不同产地的丹参，有效成分含量的差异较大，山东为丹参优质产区。

第二节　栽培技术

一、生产管理

因丹参属于喜肥药用植物，在播种时首先必须要施足基肥；基肥以农家土杂肥料为主，如腐熟的猪栏、羊栏肥或焦泥灰等，施用量为每亩 1 000~1 200kg，与土壤混匀后，将土地整细耧平。除施用基肥外，在植株生长过程中，还应追肥至少 2~3 次。在生长初期追肥，以施用氮肥或人畜粪尿为主；生长中期要看苗施肥；秋后要重施长根肥，以过磷酸钙等磷钾混合肥为好。

二、土壤选择

栽培丹参一般选择 2 年以上没有施用过化学肥料、农药和没有残留有害物质的地块进行栽种。整地前每亩用土壤活化素 150g 和腐殖酸 100g 进行喷洒后，深耕 25~30cm，以增加土壤中的有机质含量，降解残留在土壤中的化肥、农药和有害物质。同时于犁地前每亩施入优质腐熟农家肥 4 000kg、钙镁磷肥或过磷酸钙 100kg，然后耕耙平整做畦。平畦适用于土层深厚、有机质含量高的地块，畦宽 150cm，栽种丹参 4 行。高畦适用于中厚土层地块，畦面宽 140cm，栽种丹参 4 行，沟宽 20cm，垂直高度 25cm 左右。起低垄适用于土层较浅的山岗薄地和水渍地，垄面宽 60cm，种植丹参 2 行，垂直高度 20cm 以上。

三、移栽定植

春季可于清明节前定植大田，夏季育出的苗可在 9—10 月定植大田。丹参一般每亩定植 7 000~8 800株，定植方法分为沟植和穴植。做畦整地的多采用开沟定植，行距 36~40cm，沟深应根据苗根的深浅确定，一般在 10cm 左右。开沟后，沟内均匀施入掺拌了高效固氮抗病组合菌、硅酸盐菌（生物钾）的牛粪末。施入量为每亩固氮菌 5kg、生物钾 3kg、干牛粪末 50kg，然后栽苗。移栽时，要把壮苗、弱苗分级，淘汰病苗和劣苗，保证田间整齐度。栽苗时要使秧苗直立。根垂直向下，栽苗深度以培土接近子叶为宜，并压实苗周围土壤。防止浇水时倒苗。移栽定植丹参要做到随栽随浇。栽一畦浇一畦，3~4d 后再浇 1 次缓苗水，以保证迅速缓苗。起垄的要进行穴栽。

四、田间管理

（一）补苗

补苗宁早勿晚，使其尽快赶上已成活的苗，达到生长一致。在不收取种子的情况下应及早摘掉花絮。丹参是一种喜钾、喜有机肥的植物，栽培时除施足底肥外，于第二年和第三年春季发芽后（4月下旬）追施一次饼肥或优质腐熟农家肥。另外于每年的 3 月上旬及 7 月进行根外追肥，叶面喷洒叶面营养液和腐殖酸，每亩施用量 150g。根外追肥叶面喷施应选在上午 10 时以前、下午 4 时以后进行，叶面喷洒要均匀，叶子正面、背面都要喷洒。

开春后，当丹参新苗出土后，首先要查看苗情，若有缺棵，应及时补上。

（二）中耕、除草、追肥

4 月上旬齐苗后，进行 1 次中耕除草，宜浅松土，随即追施 1 次稀薄人畜粪水，每亩 1 500kg；第 2 次于 5 月上旬至 6 月上旬，中除后追施 1 次腐熟人粪尿，每亩 2 000kg，加饼肥 50kg；第 3 次于 6 月下旬至 7 月中下旬，结合中耕除草，重施 1 次腐熟、稍浓的粪肥，每亩 3 000kg，加过磷酸钙 25kg、饼肥 50kg，以促参根生长发育。施肥方法可采用沟施或开穴施入，施后覆土盖肥。中耕除草每年需要进行 3~4 次。除草方法可用人工锄草或拔草，或机械除草，但不能用化学方法除草。丹参的花期为 5—6 月。

（三）除花薹

丹参自 4 月下旬至 5 月将陆续抽薹开花，为使养分集中于根部生长，除留种地外，一律剪除花薹，时间宜早不宜迟。

（四）水分管理

丹参忌涝。生长期注意清理沟渠，保持排水畅通，雨季注意防涝。土壤干旱及时灌水，水质要无污染。沟灌应在早晚进行，并要速灌速排。

丹参忌积水，在雨季要特别注意排水防涝，以免烂根。丹参花期需水量很大，此期缺水，就会严重影响植株生长。因此这时遇旱，要及时浇水，以保证水分供应。灌水方法有沟灌、畦灌和喷灌三种。沟灌是一种比较实际的良好方法。在大田条播的情况下，行间开沟，丹参培土灌溉，一举两得。灌水时，沟内引水，渗入丹参根部。这样灌水均匀，可避免板结。播前已做好畦的田块，可用畦灌；地面不平整的田块，可根据灌水情况，适当缩短畦长，防止大水漫灌，积水损伤丹参。对渠水灌溉不利的田地或田内低处易淹，高处灌不上水的地块，可以进行喷灌，不仅节省水量，减少田间工程，还可防止地表板结，是一种先进的灌水技术。

（五）追肥方法

结合中耕除草时进行追肥 3 次，第一次每亩施 10kg 左右氮肥，用来提苗。第二次用复合肥 10kg 左右，假如需求采种子，应配施 10kg 左右的钾肥促进种子颗粒丰满；第三次施用适量的磷肥和钾肥，以利丹参根的生长精壮。

五、病虫害防治

（一）根腐病

植株发病初期，先由须根、支根变褐腐烂，逐渐向主根蔓延，最后导致全根腐烂，外皮变为黑色，随着根部腐烂程度的加剧，地上茎叶自下而上枯萎，最终全株枯死。拔出病株，可见主根上部和茎地下部分变黑色，病部稍凹陷；纵部病根，维管束呈褐色。病菌主要在病残体和土壤中越冬，可存活 10 年以上；病菌生长最适温度 27~29℃，但地温 15~20℃最易发病。因此，土壤病残体就成了初侵染源，病菌通过雨水、灌溉水等传播蔓延，从伤口侵入为害。该病是典型的高温高湿病害，土壤含水量大，土质黏重低洼地及连作地发病重。

防治方法：①合理轮作，可抑制土壤菌的积累，特别是与葱蒜类蔬菜轮作效果更好；②加强栽培管理，采用高垄深沟栽培，防止积水，避免大水漫灌，发现病株及时拔除；③栽种前浸种根：50%多菌灵或 70%甲基托布津 800 倍液蘸根处理，晾干 10min 后栽种；④药剂防治：发病期用 50%多菌灵 800 倍液或 70%甲基托布津 1 000 倍液灌根，每株灌液量 250ml，7~10d 再灌 1 次，连灌 2~3 次。也可以下药剂喷洒：70%甲基托布津 500 倍液，或用 75%百菌清 600 倍液，每隔 10d 喷 1 次，连喷 2~3 次，注意喷射茎基部。

（二）根结线虫病

寄生于植物上的线虫肉眼看不到，虫体细小，长度不超过 1~2mm，宽度为 30~50μm；为害的根瘤用针挑开，肉眼可见半透明白色粒状物，直径约 0.7mm，此为雌线虫。在显微镜下，压破粒状物，可见大量线状物，头尾尖即是线虫。由于根结线虫的寄生，丹参根部生长出许多瘤状物，致使植株生长矮小，发育缓慢，叶片退绿，逐渐变黄，最后全株枯死。拔起病株，须根上有许多虫瘿的瘤，瘤的外面粘着土粒，难以抖落。

防治方法：①实行轮作，同一地块种植丹参不能超过2个周期，最好与烤烟或禾本科作物如玉米、小麦等轮作；②结合整地进行土壤处理。

（三）蛴螬

为害时间：5—6月大量发生，全年为害。在地下咬食丹参植株的根茎，使植株逐渐萎蔫、枯死，严重时造成缺苗断垄。蛴螬每年发生一代，以幼虫和成虫在地下几十厘米深的土层中越冬。蛴螬始终在地下活动，与土壤温湿度关系密切，当10cm土温达5℃时开始上升至表土层，13~18℃时活动最盛，18℃以上则潜入深土中。表土层含水量10%~20%有利卵和幼虫的发育。在夏季多雨、土壤湿度大、生荒地以及施用未充分腐熟的厩肥时，为害严重。

防治方法：①精耕细作，深耕多耙，合理轮作倒茬，合理施肥和灌水，都可降低虫口密度，减轻为害。②结合整地，深耕土地进行人工捕杀，或亩用5%辛硫磷颗粒剂1~1.5kg与15~30kg细土混匀后撒施。③施用充分腐熟的厩肥。④大量发生时用50%的辛硫磷乳剂稀释成1 000~1 500倍液或90%敌百虫1 000倍液浇根，每簇50~100ml；或者用90%晶体敌百虫0.5kg，加2.5~5kg温水与敌百虫化匀，喷在50kg碾碎炒香的油渣上，搅拌均匀做成毒饵，在傍晚撒在行间或丹参幼苗根际附近，隔一定距离撒一小堆，每亩毒饵用量15~20kg。⑤晚上用黑灯诱杀成虫。

（四）金针虫

为害时间：5—8月大量发生，全年为害。金针虫将丹参植株的根部咬食成凹凸不平的空洞或咬断，使植株逐渐枯萎，严重者枯死。在夏季干旱少雨，生荒地以及施用未充分腐熟的厩肥时，为害严重。金针虫北方2~3年发生一代，以老熟幼虫和成虫在土中越冬。3月下旬至4月中旬为活动盛期，白天潜伏于表土内，夜间交配产卵，雄虫善飞，有趋光性。5月上旬幼虫孵化，在食料充足的情况下，当年体长可达15mm以上。老熟幼虫在16~20mm深的土层内作土室化蛹。3月中下旬10cm深土温达6~7℃时，幼虫开始活动，土温达15.1~16.6℃时为害最烈，10月下旬以后随土温降低而下降，冬春潜入27~33cm深的土中越冬。

防治方法：同蛴螬的防治。

（五）叶斑病

发病时间：5月初发生，6—7月发病严重。发病初期叶片，出现深褐色病斑，近圆形或不规划形，后逐渐融合成大斑，严重时叶片枯死。

防治方法：①实行轮作，同一地块种植丹参不能超过2个周期。②收获后将枯枝残体及时清理出田间，集中烧毁。③增施磷钾肥，或于叶面上喷施0.3%磷酸二氢钾以提高丹参的抗病力；发病初期每亩用50%可湿性多菌灵粉剂配成800~1 000倍液喷洒叶面，隔7~10d喷1次，连续喷2~3次。④用300~400倍液的EM复合菌液，叶面喷雾1~2次。⑤发病时应立即摘去发病的叶子，并集中烧毁以减少传染源。

（六）银纹夜蛾

银纹夜蛾以幼虫取食丹参叶片、咬成孔洞或缺口，严重时可将叶片吃光。此虫每年发生5代，以第二代幼虫于6—7月开始为害丹参，7月下旬至8月中旬为害最为严重。

防治方法：①收获后及时清理田间残枝病叶并集中烧毁，消灭越冬虫源。②田间悬挂黑光灯或糖醋液诱杀成虫。③7—8月在第二、第三代幼虫低龄期，喷洒病原微生物，可用苏云金杆菌，每次每亩用250g或250ml，兑水50~75kg，进行叶面喷雾；也可用25%灭幼脲3号每亩10g，加水稀释成2 000~2 500倍液常规喷雾；或者可用1.8%阿维菌素乳油3 000倍液均匀喷雾。

第三节　收获与初加工

一、根的收获

根的收获可分不同时期进行。分根繁殖、芦头繁殖和扦插繁殖的，可于栽培后当年11月或翌年春季萌发前采挖；种子繁殖的，于移栽后第二年的10—11月或第三年早春萌发前采挖。由于丹参根质脆、易断，故应在晴天、土壤半干半湿时挖取，挖后可在田间暴晒，去掉泥土，运回后再行加工，切忌用水洗根。

二、初加工

当根晒至五六成干时，将其收拢，扎成小把，晒至八九成干，再收拢一次，当须根也全部晒干时，即成商品药材。北方可直接把根晒干即可。鲜干比为（3.1～4.4）：1。南方有些产区在加工过程中有堆起"发汗"的习惯。根据科学研究，采用堆起"发汗"的方法加工，会使丹参根中的有效物质丹参酮含量降低，故此法不宜采用。一般亩产干货200～250kg。以无芦头、无须根、无霉变、无不足7cm长的碎节为合格品；以根条粗壮、外皮紫红色者为佳。

丹参生长次年即可采集药材。采收时间为12月中旬地上部枯萎或翌年春萌发前采挖。先将地上茎叶除去，在畦一端开一深沟使参根露出。顺畦向前挖出完整的根条，防止挖断。挖出后，剪去残茎。如需条丹参，可将直径0.8cm以上的根条在母根处切下，顺条理齐，暴晒，不时翻动，至七八成干时，扎成小把，再暴晒至干，装箱即成"条丹参"。如不区分粗细，晒干去杂后混装则统称丹参。

三、种子采收

留种田植株于翌年5月开始开花，可一直延伸到10月。6月种子陆续成熟，分批剪下，暴晒打出种子，再晒至干即可。丹参种子不耐贮藏，最好于当年播种使用。

参考文献

白跃，骆兆智，2015.青海地区平菇改进型二段式高产栽培新技术 [J].食用菌，37（6）：50-51.

曹德宾，姚利，杨光，等，2013.平菇生产中的多发性病害问题及其处理措施 [J].食用菌（2）：58-60.

常思敏，韦凤杰，2009.烟草集约化育苗理论与技术 [M].北京：中国农业出版社.

陈大春，2015.羊肚菌对生态条件的要求和关键栽培技术 [J].农业与技术，35（6）：6.

陈贵善，李亮亭，2010.玉米合理轮作好处多 [J].中国民兵（6）：57.

陈惠群，刘洪玉，1995.尖顶羊肚菌驯化栽培初报 [J].食用菌（增）：17-18.

陈小帆，2004.出口蔬菜安全质量保证实用手册 [M].北京：中国农业出版社.

陈亚光，2007.羊肚菌栽培技术 [J].农村新技术（12）：12-13.

陈影，唐杰，彭卫红，等，2016.四川羊肚菌高效栽培模式与技术 [J].食药用菌，24（3）：151-154.

陈有庆，胡志超，王海鸥，等，2012.我国花生机械化收获制约因素与发展对策 [J].中国农机化（4）：14-17.

陈振德，1989.不同收获时期对蔬菜硝酸盐含量的影响 [J].中国蔬菜（3）：8-10.

丁红，张智猛，戴良香，等，2015.水氮互作对花生根系生长及产量的影响 [J].中国农业科学，48（5）：872-881.

丁湖广，2016.名贵珍稀羊肚菌生物特性及栽培新技术 [J].科学种养（6）：27-28.

丁健，武小平，郭建芳，等，2017.黑豆品种的特征特性与优质高产栽培技术 [J].农业开发与装备（6）：164.

丁宁，陈相宇，徐长亮，等，2015.农药实际使用情况对芹菜生产安全的技术研究 [J].基层农技推广，3（5）：33-36.

董旭，孙明娜，褚玥，等，2018. 安徽省芹菜安全生产管控技术［J］. 现代农业科技（21）：80-81，84.

杜习慧，赵琪，杨祝良，2014. 羊肚菌的多样性、演化历史及栽培研究进展［J］. 菌物学报，33（2）：183-197.

冯烨，郭峰，李宝龙，等，2013. 单粒精播对花生根系生长、根冠比和产量的影响［J］. 作物学报，39（12）：2 228-2 237.

高娅军，马树新，杨春华，等，2011. 菇蝇的危害特点与防治措施［J］. 北京农业（3）：91-92.

耿波，2018. 淄博无公害桔梗标准化栽培技术［J］. 蔬菜（7）：46-48.

耿小丽，刘宇，王守现，等，2008. 几种杀虫剂对食用菌菇蝇的控制效果试验［J］. 食用菌（1）：54.

耿欣，2014. 平菇晚秋熟料栽培技术［J］. 河北农业（11）：25-27.

谷建中，李传强，2001. 花生高产高效栽培及病虫害防治［M］. 北京：台海出版社.

郭春景，2018. 芹菜的营养价值与安全性评价［J］. 吉林农业（6）：83-84.

郭子军，周东亮，叶丙鑫，2018. 无公害芹菜种植技术的应用研究［J］. 农业与技术，38（6）：132.

国淑梅，牛贞福，2016. 食用菌高效栽培［M］. 北京：机械工业出版社.

何芳芳，张德刚，陈雅顺，2012. 重金属复合污染对芹菜生长的影响［J］. 北方园艺（20）：5-7.

何敏山，2018. 猕猴桃主要病害分析及防治措施探究［J］. 南方农业，12（30）：28-30.

贺明娟，2017. 花生病虫害防治技术［J］. 河南农业（4）：26-27.

胡鹏启，2015. 平菇子实体主要化学成分及其体内抗氧化活性研究［D］. 长春：吉林农业大学.

胡一鸿，2017. 设施农业技术［M］. 成都：西南交通大学出版社.

黄红军，2010. 大棚平菇高产栽培技术［J］. 种业导刊（2）：28.

黄建伟，2013. 佛手瓜高产栽培技术［J］. 安徽农学通报，19（14）：57-58.

黄毅，1992. 食用菌栽培［M］. 北京：高等教育出版社.

黄振辉，2017. 花生生产全程机械化技术要点分析［J］. 农机使用与维修（10）：63-64.

黄忠乾，唐利民，邓玲，等，2018. 林下羊肚菌高效栽培技术［J］. 四川农业科技

（1）：24-25.

贾身茂，2011. 中国食药用菌栽培的菌种技术沿革述评 [J]. 食药用菌，19（4）：54-57.

贾玉梅，2008. 无公害平菇病虫害防治 [J]. 科技信息（学术研究）（16）：360.

蹇黎，2008. 水芹和旱芹的营养成分分析 [J]. 北方园艺（2）：33-34.

江贤国，2008. 花生栽培技术与提高种植效益的措施 [J]. 农技服务，25（10）：31-32.

姜灿烂，何园球，李辉信，等，2009. 长期施用无机肥对红壤旱地养分和结构及花生产量的影响 [J]. 土壤学报，46（6）：1 102-1 109.

姜永红，姜金峰，2014. 花生病虫害防治的重要性及优化策略探析 [J]. 吉林农业（12）：80.

孔维丽，康源春，2016. 平菇种植能手谈经 [M]. 郑州：中原农民出版社.

赖姗姗，陈玉青，刘媛媛，等，2018. 平菇不同状态下营养成分分析比较与品质评价 [J]. 食品安全质量检测学报，9（7）：1 619-1 622.

李冰，王昌全，周娅，等，2005. 氮肥不同用量及基追肥比例对芹菜产量和品质的影响 [J]. 土壤肥料（5）：8-12，16.

李传华，曲明清，曹晖，等，2013. 中国食用菌普通名名录 [J]. 食用菌学报，20（3）：50-72.

李大涛，王红雨，王玉霞，2008. 地膜覆盖花生栽培技术 [J]. 种业导刊（7）：16-17.

李方元，2003. 人参丹参无公害高效栽培与加工 [M]. 北京：金盾出版社.

李峰，赵建选，2011. 平菇培养料发酵及发菌管理期注意事项 [J]. 食用菌，33（3）：42.

李峰，赵建选，靳荣线，等，2014. 玉米芯发酵料栽培平菇的病虫害防治 [J]. 食用菌，36（3）：63-64.

李建明，2010. 设施农业概论 [M]. 北京：化学工业出版社.

李军安，2017. 花生病害防控新技术 [J]. 河南农业（25）：29-30.

李峻志，雷萍，孙悦迎，2001. 羊肚菌子囊果栽培工艺研究 [J]. 食用菌（4）：23-26.

李科云，2016. 花生常见病害症状及其防治技术 [J]. 现代农业科技（7）：119.

李琨，张学杰，张德纯，等，2011. 不同芹菜品种叶与叶柄黄酮含量及其与抗氧化能力的关系 [J]. 园艺学报，38（1）：69-76.

李玲，翟今成，2019. 白菜病虫害防治技术推广现状及改进措施 ［J］. 吉林农业
　　（1）：68-69.

李乃光，2012. 平菇冬春仿野生高产优质栽培技术 ［J］. 现代园艺 （1）：41-42.

李素玲，尚春树，刘虹，2000. 羊肚菌子实体培育研究初报 ［J］. 中国食用菌
　　（1）：9-11.

李孝刚，张桃林，王兴祥，2015. 花生连作土壤障碍机制研究进展 ［J］. 土壤，47
　　（2）：266-271.

李雪，郑金成，李光华，等，2019. “华特” 猕猴桃花果管理技术 ［J］. 林业科技
　　通讯，553 （1）：61-62.

梁称福，2009. 蔬菜栽培技术 （南方本）［M］. 北京：化学工业出版社.

梁晓艳，郭峰，张佳蕾，等，2016. 适宜密度单粒精播提高花生碳氮代谢酶活性及
　　荚果产量与籽仁品质 ［J］. 中国油料作物学报，38 （3）：336-343.

梁晓艳，郭峰，张佳蕾，等，2015. 单粒精播对花生冠层微环境、光合特性及产量
　　的影响 ［J］. 应用生态学报，26 （12）：3 700-3 706.

林昌乐，2014. 有机花生高产栽培技术的探讨 ［J］. 农业与技术，34 （11）：154.

林立依，2018. 花生高产种植技术及应用推广实践 ［J］. 南方农业 （3）：5.

刘崇汉，1989. 平菇高产栽培 200 问 ［M］. 南京：江苏科技出版社.

刘峰，2012. 佛手瓜主要病虫害识别及其防治 ［J］. 上海蔬菜 （3）：72-73.

刘国宇，2012. 夏季平菇生产中常见的杂菌及病虫害的防治方法 ［J］. 蔬菜 （7）：
　　32-34.

刘恒蔚，高梦祥，饶贵珍，2007. 野生水芹与旱芹的营养成分比较分析 ［J］. 中国
　　野生植物资源，26 （1）：36-38.

刘华安，2008. 平菇高产栽培防病害技术 ［J］. 食用菌 （1）：56-57.

刘克钊，陈捍军，黄梅芳，2011. 花生无公害优质高产栽培技术 ［J］. 农村经济与
　　科技 （11）：29-31.

刘前进，吕爱萍，王延鹏，2006. 当前北方平菇主要病害及防治技术 ［J］. 食用菌
　　（1）：42-43.

刘松青，江华明，李仁全，等，2012. 不同农作物秸秆人工栽培羊肚菌试验
　　［J］. 中国食用菌，31 （4）：19-20.

柳红霞，2017. 日光温室芹菜栽培技术 ［J］. 现代农村科技 （7）：29.

吕作舟，2006. 食用菌栽培学 ［M］. 北京：高等教育出版社.

罗凡，1995. 青川羊肚菌资源及其生态环境 ［J］. 食用菌 （增）：7-8.

马蓉，2016. 青川羊肚菌人工仿生栽培技术 [J]. 四川农业科技（6）：38-39.

莫国莲，2017. 北流市花生的病虫害防治 [J]. 农业与技术（18）：11-12.

南新文，2016. 林下羊肚菌栽培技术 [J]. 农民致富之友（6）：147-218.

聂居超，2018. 地瓜的营养价值与种植技术 [J]. 现代农业科技（8）：38-43.

潘洪玉，刘金亮，2009. 珍稀食用菌栽培技术 [M]. 长春：吉林科学技术出版社.

荣著，2014. 平菇栽培技术 [J]. 现代农业科技（12）：90-96.

史会云，2009. 高产优质花生栽培技术 [J]. 河南农业（8）：52.

舒敬萍，何静波，2009. 平菇病害的防治 [J]. 农民致富之友（2）：30.

宋金俤，2011. 食用菌病虫图谱及防治 [M]. 南京：江苏科学技术出版社.

宋金娣，2007. 食用菌生产大全 [M]. 南京：江苏科学技术出版社.

苏东屏，王铁良，李明，等，2002. 阴阳结合型日光温室的规划与设计 [J]. 沈阳农业大学学报（2）：138-141.

谭方河，2016. 羊肚菌人工栽培技术的历史、现状及前景 [J]. 食药用菌，24（3）：140-144.

唐祥宁，1986. 平菇病害的识别及防治 [J]. 江西植保（2）：24-26.

唐志刚，2013. 平菇的栽培以及营养价值 [J]. 农家科技，19（6）：77.

万书波，2003. 中国花生栽培学 [M]. 上海：上海科学技术出版社.

万书波，2008. 花生品种改良与高产优质栽培 [M]. 北京：中国农业出版社.

汪李平，杨静，2017. 设施农业概论 [M]. 北京：化学工业出版社.

王才斌，郑亚萍，梁晓艳，等，2013. 施肥对旱地花生主要土壤肥力指标及产量的影响 [J]. 生态学报，33（4）：1 300-1 307.

王呈玉，2004. 中国侧耳属 [*Pleurotus*（Fr）Kumm] 真菌系统分类学研究 [D]. 长春：吉林农业大学.

王东昌，郭立忠，金静，等，2001. 平菇病害大钮扣菇的防治研究 [J]. 莱阳农学院学报（2）：144-146.

王建忠，2015. 辽宁芹菜安全生产管控技术要点 [J]. 吉林农业（1）：112.

王俊君，2013. 夏直播花生高产栽培技术 [J]. 种业导刊（9）：19.

王立峰，2016. 滴灌条件下施氮时期对花生生理特性、产量和品质的影响 [D]. 泰安：山东农业大学.

王玫，张志军，王文治，等，2007. 食用菌袋料栽培病虫害防治要点 [J]. 天津农林科技（4）：9-10.

王田妹，2018. 花生绿色防控增产关键技术 [J]. 农家参谋（8）：52.

王同军，2020. 优质黑豆高产高效栽培管理技术［J］. 基层农技推广（2）：89-90.

王云，2009. 食用菌人工栽培技术［M］. 重庆：西南大学出版社.

王云玲，余春霞，2004. 丹参、远志、防风高效栽培技术［M］. 郑州：河南科学技术出版社.

王震，王春弘，蔡英丽，等，2016. 羊肚菌人工栽培技术［J］. 中国食用菌，35（4）：87-91.

尉继强，胡静，彭守华，等，2018. 威海市花生高产高效栽培技术推广项目实施经验介绍［J］. 农业开发与装备（3）：59-111.

吴会芳，郑明燕，李金玲，等，2009. 佛手瓜高产高效栽培技术［J］. 农技服务，26（8）：37-39.

吴立根，屈凌波，2018. 谷子的营养功能特性与加工研究进展［J］. 食品研究与开发，39（15）：191-196.

熊川，李小林，李强，等，2015. 羊肚菌生活史周期、人工栽培及功效研究进展［J］. 中国食用菌，34（1）：7-12.

徐金忠，高德武，孙雪文，等，2013. 不同有机肥处理对莱果蕨幼苗生长及光合特性的影响［J］. 中国农学通报，29（13）：192-196.

徐兆春，鲁秀梅，2005. 丹参栽培与贮藏加工新技术［M］. 北京：中国农业出版社.

许春华，2016. 北方地区日光温室芹菜栽培技术［J］. 农业开发与装备（4）：123.

薛永杰，2018. 通辽市沙地花生绿色高效栽培技术［J］. 中国农技推广，34（3）：47-48.

闫硕，孔德生，赵艳丽，等，2018. 花生病虫害全覆盖式绿色防控工作的实践与思考［J］. 中国植保导刊，38（1）：73-77.

杨朝勇，滕树川，2005. 肥料种类及用量对中药材丹参产量的影响［J］. 耕作与栽培（2）：20-21.

杨成民，魏建和，2018. 桔梗种植现代适用技术［M］. 北京：中国农业科学技术出版社.

杨海平，2016. 舟曲县羊肚菌人工栽培技术初探［J］. 农业科技与信息（11）：76.

杨少东，2018. 花生栽培技术及病虫害有效防治措施［J］. 江西农业（16）：21.

杨文雅，黄群，张燕，2017. 阴阳结合型日光温室环境特征测定分析［J］. 宁夏农林科技，58（9）：1-6，69.

杨新美，1988. 中国食用菌栽培学［M］. 北京：农业出版社.

姚秋生，1991. 尖顶羊肚菌人工栽培研究初探 ［J］. 中国食用菌（6）：15-16.

游聚伦，2017. 地瓜高产栽培及病虫害防治技术 ［J］. 农技服务，34（22）：41.

鱼智，2007. 榆林市日光温室平菇栽培技术研究与应用 ［D］. 杨凌：西北农林科技大学.

郁俊谊，刘占德，2016. 猕猴桃高效栽培 ［M］. 北京：机械工业出版社.

袁书钦，周建方，徐赞吉，2009. 常见食用菌栽培技术图说 ［M］. 郑州：河南科学技术出版社.

张宝棣，2002. 蔬菜病虫害原色图谱（十字花科、绿叶类蔬菜）［M］. 广州：广东科学技术出版社.

张传军，2018. 花生栽培技术与病虫害防治 ［J］. 种子科技（6）：44-45.

张光明，2000. 绿色食品蔬菜农药使用手册 ［M］. 北京：中国农业出版社.

张佳蕾，郭峰，杨佃卿，等，2015. 单粒精播对超高产花生群体结构和产量的影响 ［J］. 中国农业科学，48（18）：3 757-3 766.

张佳蕾，李向东，杨传婷，等，2015. 多效唑和海藻肥对不同品质类型花生产量和品质的影响 ［J］. 中国油料作物学报，37（3）：322-328.

张金霞，2000. 新编食用菌生产技术手册 ［M］. 北京：中国农业出版社.

张俊，刘娟，臧秀旺，等，2015. 不同生育时期干旱胁迫对花生产量及代谢调节的影响 ［J］. 核农学报，29（6）：1 190-1 197.

张世贤，2001. 我国有机肥料的资源、利用、问题和对策 ［J］. 磷肥与复肥，16（1）：8-11.

张思龙，2013. 平菇栽培新技术 ［M］. 郑州：河南科学技术出版社.

张四华，吴新华，杨宏，2006. 花生栽培技术 ［J］. 安徽农学通报，12（7）：119.

张玉婷，2015. 防治花生病虫害的策略探讨 ［J］. 农业技术与装备（10）：36-37.

赵腊梅，2008. 袋栽平菇病害防治措施 ［J］. 山西农业（致富科技）（11）：37.

赵琪，徐中志，程远辉，等，2009. 尖顶羊肚菌仿生栽培技术 ［J］. 西南农业学报，22（6）：1 690-1 693.

赵璇，金素娟，牛宁，等，2015. 黑豆的利用价值与开发前景 ［J］. 河北农业科学，19（1）：99-101.

赵永昌，柴红梅，张小雷，2016. 我国羊肚菌产业化的困境和前景 ［J］. 食药用菌，24（3）：133-139，154.

郑素月，张金霞，王贺祥，等，2003. 我国栽培平菇近缘种的多相分类 ［J］. 中国食用菌，5（3）：3-6.

周长征，段磊，2018. 花生绿色防控增产关键技术 ［J］. 种子科技，36（11）：39-44.

周德海，高峰，王在军，等，2014. 间作桔梗对烤烟主要农艺性状及效益的影响 ［J］. 山东农业科学，46（9）：60-62.

周根红，杜适普，王安祎，等，2012. 平菇出菇期生理性病害的诊断及防治方法 ［J］. 食用菌（2）：49-51.

周学政，2007. 精选食用菌栽培新技术 ［M］. 北京：中国农业出版社.

朱本静，2007. 花生叶斑病模拟模型与病虫害预测专家系统的研究 ［D］. 泰安：山东农业大学.

朱斗锡，2008. 羊肚菌人工栽培研究进展 ［J］. 中国食用菌（4）：3-5.

朱斗锡，2010. 羊肚菌菌种制作技术 ［J］. 农村新技术（7）：12-14.

朱广锋，郗青，关世杰，关永霞，2015. 日光温室秋冬茬芹菜高产栽培技术 ［J］. 农业科技与信息（13）：61-63.

朱明洪，陈屏，王琦，等，2016. 平菇子实体化学成分的分析研究 ［J］. 食药用菌，23（4）：242-246，261.

朱秀展，2018. 花生主要病虫害及其综合防治 ［J］. 农业开发与装备（11）：214-223.

庄纪然，2018. 地瓜的营养价值与种植技术 ［J］. 农业开发与装备（11）：215-218.

庄舜尧，孙秀廷，1995. 氮肥对蔬菜硝酸欲积累的彬响 ［J］. 土壤学进展，23（3）：29-35.

ARYA S S, SALVE A R, CHAUHAN S, 2016. Peanuts as functional food：a review ［J］. Journal of Food Science and Technology, 53（1）：31-34.

FRANCISCO M L D L, RESURRECCION A V A, 2008. Functional Components in Peanuts ［J］. Critical Reviews in Food Science & Nutrition, 48（8）：715-746.